Neptun
Uranus
Saturn
Uranus
Neptun

Susanne Dambeck und Thorsten Dambeck

Mein erstes KOSMOS-Himmelsjahr

KOSMOS

Impressum

Umschlaggestaltung von eStudio Calamar, Pau, unter Verwendung einer Illustration der NASA (Sonnensystem) und 3 Farbfotos von IzE Design/Fotolia (Mond), Ismael Montero/Fotolia (Sternenhimmel Hintergrund) und Comstock/Corbis (Vater und Tochter vor Teleskop)

Abkürzungen:
o. = oben; u. = unten, m. = Mitte; l. = links; r. = rechts; die Ziffern beziehen sich auf die Buchseiten

Mit 18 Grafiken von Gerhard Weiland: S. 11, 12, 15, 16, 18, 20, 22, 24, 28, 32, 36, 38, 40, 44, 48, 52, 56, 57
Mit 3 Grafiken von Wolfgang Lang: S. 10, 33, 34
Mit 3 Grafiken von Gunther Schulz: S. 11, 17, 27,
Mit 5 Vignetten von Sigrid Walter

Mit Fotos von:
Tunc Tezel: Innentitel; NASA/University of Arizona/Caltech: S. 50.; NASA/J. Hester, A. Loll (ASU)/ESA/JPL-Caltech/R. Gehrz (U. Minn): S. 5 u.; Severa777/Dreamstime.com: S. 6 m.; kameel/Fotolia: S. 7 (Mütze); Varina and Jay Patel/Fotolia: S. 7 (Handschuhe); Les Cunliffe/Fotolia: S. 7 (Taschenlampe); Tritooth/Dreamstime.com: S. 8 (Lineal); Gabi Palmer/Corbis: S. 9 u.; Mark Hellweg: S. 130., 49 m., S. 550.; Bryan Katz: S. 14 u.; Jailbird/Wikipedia: S. 15 u.; Andrew Cooper: S. 17 u.; NASA/JSC: S. 190.; Till Credner, AlltheSky.com: S. 19 u.; NASA: S. 210., S. 43 u.; Tankred Schmitt: S. 21 u., 250.; NASA/JPL: S. 23 (Mond Vorder- und Rückseite), S. 35 u., S. 420.; US Navy/Joshua Calcarcel: S. 230.; NASA/ESA/M. Roberto (STScl)/HAST Orion Treasure Project Team: S. 25 u.; Rainer Kresken: S. 27 m.; 2MASS/Umass/Caltech/NASA: S. 5 m., 29 u.; ESA/MPS/DLR/IDA: S. 30 o.; NASA/John Hopkins University APL/Carnegie Institute Washington: S. 30 u.; NASA, STScl/AURA/ESA/J. Bell/M. Wolf: S. 31 m.; NASA/JPL-Caltech/USGS/Cornel: S. 31 u.; NASA/John Hopkins University APL/SWRI/GSFC: S. 34 u.; NASA: S. 35 or.; Lawrence Sromovsky, University of Wisconsin-Madison/Keck Obersavtory: S. 35 ml.; NASA/STScl: S. 37 m.; Luc Viatour/Wikipedia: S. 39 m.; Willibald Steffen: S. 39 u.; Arne Nordmann/Wikipedia: S. 41 ml.; Sakurambo/Wikipedia: S. 41 u.; Katsuhiro Mouri, Shuji Kobayashi (Nagoya City Science Museum/Planetarium): S. 42 u.; HiRISE, MRO, LPL (U. Arizona), NASA: S. 43 o.; Hubble Heritage Team (AURA/STScl/NASA/ESA): S. 45 o., 54 ur.; Martin Wagner: S. 46 m.: Richard Yandrick: S. 46 u.; NASA/JPL-Caltech/GALEX/C. Martin/M. Seibert (OCIW): S. 47 m.; NASA/ESA/The Hubble Heritage Team (STScl/AURA): S. 50 u.; FORS1, ESO/VLT: S. 51 ol.; Eclipse.sx/Wikipedia: S. 51 or.; NASA/JPL-Caltech/P. Barmby (Harvard Smithsonian CfA): S. 51 u.; Gil-Estel/Wikipedia: S. 53 u.; NASA/Harvard-Smiths. Cent. of Astrophys./U. of Arizona: S. 54 ul.; W. Brandner (JPL/IPAC), E.K. Grebel (U. Washington); Y.-H. Chu (U. Illinois), NASA: S: 55 m.; Planetarium Wolfsburg: S. 58 u.; Jörg Weingrill: S. 59 o.; Meade Europe: S. 58 m.; 59 mr.

Trotz gewissenhafter Bemühungen ist es dem Verlag nicht gelungen, alle Rechteinhaber zu finden. Wir bitten diese, sich gegebenenfalls mit dem Verlag in Verbindung zu setzen.

FSC ©
Mix
Produktgruppe aus vorbildlich bewirtschafteten Wäldern und anderen kontrollierten Herkünften
www.fsc.org Zert.-Nr. CQC-COC-000012
© 1996 Forest Stewardship Council

Unser gesamtes lieferbares Programm und viele weitere Informationen zu unseren Büchern, Spielen, Experimentierkästen, DVDs, Autoren und Aktivitäten finden Sie unter **www.kosmos.de**

ISBN: 978-3-440-11765-1
Redaktion: Ina Lutterbüse
Satz: Walter Typografie & Grafik GmbH
Produktion: Angela List
Printed in Italy

Haftungsausschluss:

Alle Angaben in diesem Buch erfolgen nach bestem Wissen und Gewissen. Sorgfalt bei der Umsetzung ist indes dennoch geboten. Der Verlag und die Autoren übernehmen keinerlei Haftung für Personen-, Sach- oder Vermögensschäden, die aus der Anwendung der vorgestellten Materialien und Methoden entstehen können.

Inhalt

Mein erstes KOSMOS-Himmelsjahr

Alle Sternkarten in diesem Buch sind nach den Jahreszeiten sortiert. Damit du dich schneller zurechtfindest, steht jede der folgenden vier Farben für eine Jahreszeit.

Einleitung

Hallo, liebe Sternfreunde!

Die meisten Kinder interessieren sich für den Sternenhimmel, aber in der Regel können die Erwachsenen ihre Fragen nicht beantworten, weil sie sich selbst kaum am Himmel auskennen. Dieses Buch bietet einen Schritt-für-Schritt-Leitfaden, mit dem du den Sternenhimmel von Monat zu Monat selbst entdecken kannst. Zusätzlich zu den Monatskarten und Beschreibungen wird dir jeden Monat ein Thema aus dem großen Gebiet der Himmelskunde in einzelnen Schritten nahegebracht. Dies ist die Kinder- oder Einsteiger-Version des Klassikers „KOSMOS Himmelsjahr".

Als Anfänger ist es wichtiger, die vier Himmelsrichtungen zu kennen und einen guten Beobachtungsplatz Richtung Süden zu haben, als ein gutes Fernrohr zu besitzen. Das lohnt sich erst, wenn man sich am Himmel schon ein wenig auskennt. Merk dir die Richtung, in der die Sonne mittags steht, und du weißt, wo Süden ist. Schaust du nach Süden, zeigt dein Rücken nach Norden, deine rechte Schulter nach Westen und deine linke nach Osten. Die Sonne und alle Sterne gehen im Osten auf und im Westen unter. Die Nordrichtung kannst du auch mit einem Kompass bestimmen.

Für die Sternbeobachtung bietet sich eine freie Sicht nach Süden an, weil die Sternbilder im Süden am höchsten stehen; alle Sternkarten in diesem Buch zeigen deshalb den Südhimmel. Es sollte wenig störendes Licht von Straßenlaternen oder Leuchtreklamen geben. Vielleicht hast du ja Glück und die Wohnung, in der du wohnst, hat einen Balkon nach Süden.

Einleitung

Musst du aus dem Haus, um Sterne beobachten zu können, gehe nur in Begleitung eines Erwachsenen!

Der Winter bietet sich für Sternkunde an, weil es früh dunkel wird und in besonders kalten Nächten oft sehr klar ist. Aufgepasst: Wer zu lange den Winterhimmel bewundert, kann sich leicht verkühlen. Also eine warme Jacke, Handschuhe und Mütze nicht vergessen, eine Decke und heißer Tee sind auch sinnvoll. Außerdem brauchst du eine Taschenlampe, damit du die Sternkarten in diesem Buch im Dunkeln noch erkennst.

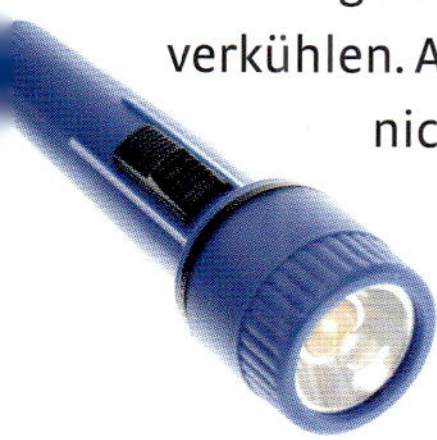

 Bei diesem Zeichen wird erklärt, wie du ein Sternbild findest und was es hier zu beobachten gibt.

 Hinter diesem Zeichen steht, was an einem Sternbild oder Planet besonders ist und weitere wichtige Informationen zum Thema.

Interessante Details, die du selbst finden kannst, stehen in den ***„Schau genau hin!“***-Kästen. Weiterführende Informationen findest du in den ***„Schon gewusst?“***-Kästen.

Du hast bestimmt schon einmal in einen wunderschönen Sternenhimmel geschaut und versucht, einzelne Sternbilder zu erkennen. Dabei hast du dich sicher gewundert, dass du keinen „Stier“, keine „Schlange“ und keinen starken „Herkules“ erkennen konntest. Das ist ganz normal, die Sternbilder sehen meist ihren Namensgebern nicht ähnlich. Umso wichtiger ist eine Sternkarte, wie du sie in diesem Buch zu Beginn jedes Monats findest.

Unterhalb jeder Karte ist eine Tabelle, die dir hilft die Position von Planeten in diesem Monat zu ermitteln – und zwar bis ins Jahr 2013. Einige Planeten sind sehr hell. Wenn Venus, Jupiter, Mars oder Saturn mitten in einem Sternbild stehen, kann dessen Aussehen dadurch stark verändert sein.

Nimm dir ein Lineal und lege es senkrecht an die Spitze des Dreiecks oberhalb des Planeten, den du finden willst (siehe Abbildung). Achte darauf, dass dein Lineal gerade, also parallel zum Seitenrand liegt. An der Stelle, an der das Lineal die Ekliptik, also die grüne Linie, die durch jede Monatskarte führt, kreuzt, steht der gesuchte Planet am Himmel. Vielleicht markierst du dir die Stelle mit einem Bleistift.

Sterne und Planeten wandern die ganze Nacht über den Himmel, und im Laufe eines Jahres ändert sich die Auswahl, die wir hierzulande sehen können. Wie soll man da den Überblick behalten? Die gute Nachricht: Betrachtest du zur selben Uhrzeit an aufeinanderfolgenden Abenden den Sternenhimmel, wirst du kaum Veränderungen feststellen – die Sterne von gestern sind auch heute da. Schaust du dir einmal pro Woche den Sternenhimmel an, siehst du leichte Veränderungen: Du siehst „alte“ Sterne sinken und „neue“ aufsteigen. Dieses Buch erklärt dir diesen Wechsel: Wann welches Sternbild hoch am Himmel steht, wie du es erkennst und wie du von einem Sternbild zum nächsten findest. So erschließt sich mit der Zeit der gesamte gut sichtbare Sternenhimmel. Zur besseren Orientierung gibt es hinten im Buch eine Karte mit allen erwähnten Sternbildern.

Auf jeder Monatsseite findest du rechts oben eine Uhr. Schau genau hin! Sie gibt dir die Zeit an, um wie viel Uhr du die Sternkarte benutzen kannst. Bei der jeweiligen Uhrzeit handelt es sich immer um die aktuelle Uhrzeit, das heißt, die Sommerzeit ist schon berücksichtigt.

Sternbilder finden

Im ersten Moment ist es nicht leicht, am Nachthimmel die Sternbilder aus einer Sternkarte wirklich zu finden. Hier ist ein Trick: Zwei sehr bekannte und gut sichtbare Sternbilder zeigen dir den Polarstern und helfen dir bei der Entdeckung fast des gesamten Himmels.

Betrachtet man eine ganze Nacht lang die Sterne, bekommt man den Eindruck, als würden sie sich um einen bestimmten Himmelspunkt drehen: Diesen Punkt nennt man Himmelsnordpol. In Wirklichkeit aber dreht sich die Erde um ihre eigene Achse. Fast genau an diesem Punkt steht der Polarstern.

Du findest ihn mithilfe des Großen Wagens; entweder kennst du ihn schon, oder du lässt ihn dir zeigen. Den Abstand der zwei Kastensterne Alpha und Beta verlängerst du fünfmal (siehe Grafik), bis du einen mittelhellen Stern hoch am Himmel findest: den Polarstern. An ihm hängt der Kleine Wagen, man sieht aber meist nur den Polarstern und zwei Kastensterne.

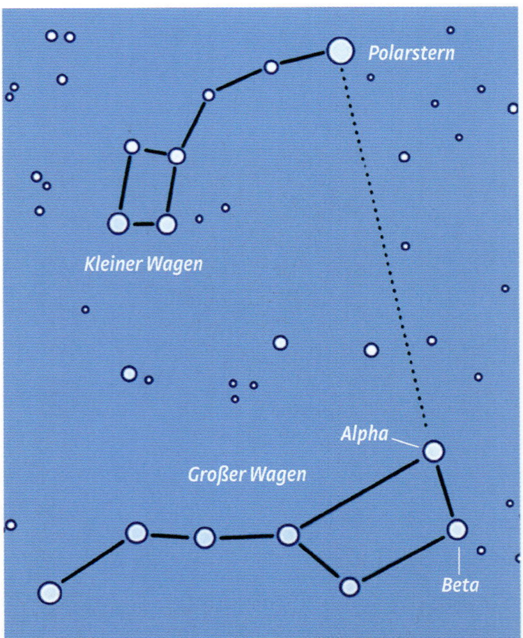

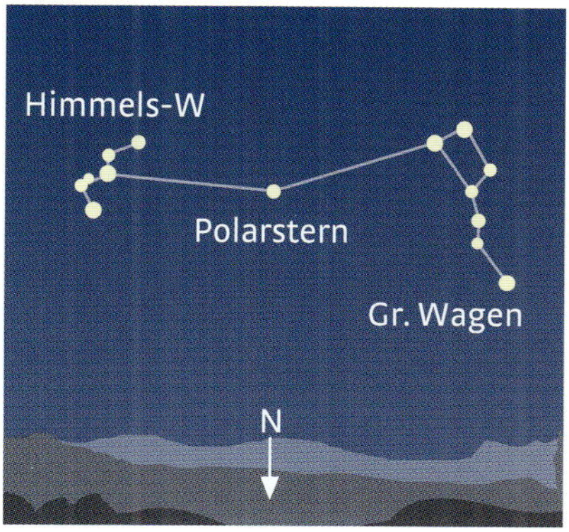

Du kannst den Polarstern ebenfalls mit der Kassiopeia finden, die auch „Himmels-W" genannt wird. Die Spitze des „W" zeigt ungefähr in seine Richtung. Beide Sternbilder, Großer Wagen und Kassiopeia, liegen sich fast genau gegenüber. Falls du nur eines der beiden kennst oder findest, entdeckst du so das andere. Beide sind das ganze Jahr über zu sehen. Eine Faustregel: Im Frühjahr steht der Große Wagen abends hoch, im Herbst die Kassiopeia. Mit diesen beiden, plus dem sehr gut sichtbaren Sommerdreieck (Seite 45), kannst du mit ein wenig Übung alle anderen Sternbilder finden. Sternkunde ist also gar nicht so schwer!

Schon gewusst?

Du hast dich bestimmt schon gefragt, woher die Sternbilder Stier, Löwe oder Kassiopeia ihre Namen haben und warum der Stern Rigel eigentlich „Rigel" heißt. Die Namen der Tierkreissternbilder sind etwa 3500 Jahre alt und stammen von den Babyloniern. Andere Sternbilder heißen nach den Figuren antiker griechischer Sagen: Kassiopeia, Andromeda, Perseus. Die alten Römer übernahmen diese Sternbilder und gaben einzelnen Sternen lateinische Namen, wie Regulus im Löwen.

Nach dem Ende des römischen Reiches überlebte das Wissen der Römer oft in arabischen Übersetzungen, so auch der Sternatlas. Jahrhunderte später wurde er wieder zurückübersetzt – und plötzlich hatten einige Sterne arabische Namen, wie Algieba, die „Mähne" des Löwen, oder Rigel im Orion, eine Abkürzung von „linker Fuß".

Erst im 17. Jahrhundert bekamen alle Sterne einen griechischen Vor- und einen lateinischen Nachnamen: Der Nachname leitet sich aus dem Sternbild ab, in dem der Stern steht, der Vorname ist ein griechischer Buchstabe. Denn anhand des griechischen Alphabets wurden die Sterne nach ihrer Helligkeit geordnet: Regulus heißt auch „Alpha Leonis", der hellste Stern des Löwen, Rigel, heißt „Beta Orionis". Deshalb gibt es fast in jedem Sternbild Sterne mit den Namen Beta, Gamma, Delta, Epsilon. Wenn die alten Eigennamen jedoch gebräuchlich sind, werden diese hier benutzt.

Dezember-Sternenhimmel

Dezember

Lass dir den Andromeda-Nebel nicht entgehen!

Hoch am Himmel steht das auffällige Pegasusviereck. Der obere linke Stern Sirrah gehört eigentlich zum Sternbild Andromeda. Seine vier hellsten Sterne bilden eine fast gerade Linie. Unterhalb von Andromeda kommt das kleine Sternbild Dreieck, das einfach an seiner Form zu erkennen ist. Rechts oben siehst du noch das auffällige „Sommersternbild" Schwan mit seinem sehr hellen Hauptstern Deneb. Im Sommer ist es die ganze Nacht gut zu sehen, im frühen Winter abends.

M 31, der Andromeda-Nebel

Im Sternbild Andromeda kannst du in einer sehr sternklaren Nacht M 31 erkennen, den berühmten Andromeda-Nebel. Wie unsere Milchstraße ist M 31 eine Galaxie, das heißt, er besteht aus Milliarden von Sternen (auf Seite 50/51 erfährst du mehr über Galaxien). M 31 ist sehr weit von uns entfernt, sein Licht braucht 2,5 Millionen Jahre bis zu uns. Deshalb können wir ohne Fernrohr keine Sterne erkennen, sie verschwimmen zu einem unscharfen „Nebel" – daher der Name Andromeda-Nebel.

Schon gewusst?

Astronomen geben Entfernungen in Lichtjahren an. Das Licht schafft in einer Sekunde die gewaltige Strecke von 300 000 Kilometern. Wenn zum Beispiel der Stern Deneb 3 200 Lichtjahre entfernt ist, ging sein Licht, das wir heute sehen, vor 3 200 Jahren auf die Reise. Wir sehen den Stern also 3 200 Jahre jünger, als er wirklich ist.

Die Jahreszeiten

Du weißt sicher, dass sich die Erde in 24 Stunden um sich selbst dreht und in einem Jahr um die Sonne wandert. Woher kommen aber die Jahreszeiten? Die Achse, um die sich die Erde dreht, ist geneigt, und zwar immer in die gleiche Richtung. Deshalb gibt es Jahreszeiten.

Deutschland und Europa liegen auf der nördlichen Halbkugel der Erde. Wenn bei uns Winter ist, schaut die Nordhalbkugel von der Sonne weg. Die Sonne steht tief, und die Tage sind kurz. Deshalb bekommen wir wenig Sonnenwärme – es ist kalt, also Winter. Wenn dagegen die Nordhalbkugel Richtung Sonne schaut, ist bei uns Sommer. Die Sonne steht dann höher am Himmel, die Tage sind länger und es ist deshalb warm. Wenn bei uns Sommer ist, herrscht auf der Südhalbkugel Winter, und umgekehrt.

Schon gewusst?

Andere Planeten haben keine so stabile Achse wie die Erde. Man nimmt an, dass unser recht großer Mond dazu beiträgt, dass die Erdachse fest im Raum steht. Ohne Mond gäbe es also keine stabilen Jahreszeiten.

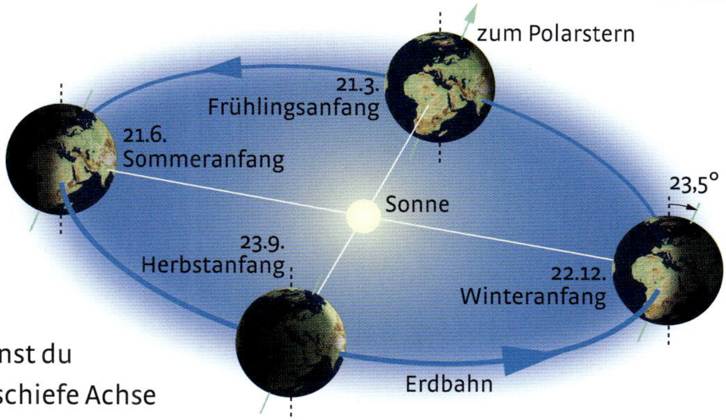

An der Zeichnung kannst du sehen, wie die schiefe Achse der Erde zu einer ungleichmäßigen Beleuchtung von Nord- und Südhalbkugel führt. Ohne eine stabile schiefe Achse gäbe es keine Jahreszeiten. Im Frühjahr wandert der Punkt, an dem am Horizont die Sonne aufgeht, nach Norden. Er bewegt sich also nach Nordosten. Etwas Ähnliches gilt für den Punkt des Sonnenuntergangs, der wandert nach Nordwesten. Im Herbst wandern beide Punkte wieder zurück. Merke dir jeden Abend den Punkt des Sonnenuntergangs und beobachte, wie er sich langsam verschiebt!

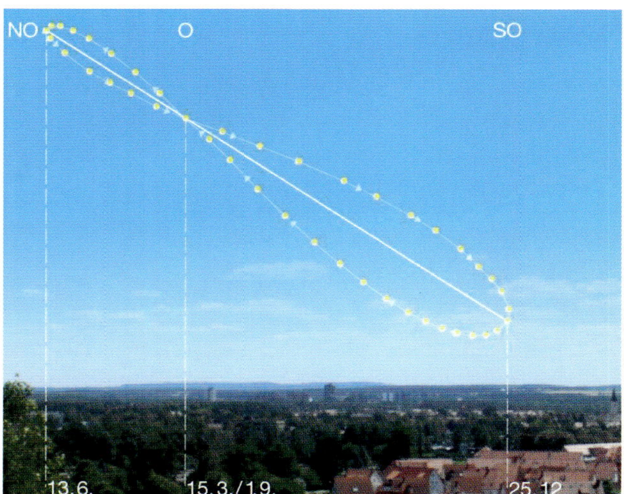

Wenn man jeden Tag zur selben Uhrzeit die Position der Sonne festhält, entsteht im Laufe eines Jahres diese lang gestreckte Acht. Man sieht, dass die Sonne nur Mitte März und Mitte September genau im Osten aufgeht, im Sommer ist sie Richtung Norden verschoben, im Winter Richtung Süden.

Januar-Sternenhimmel

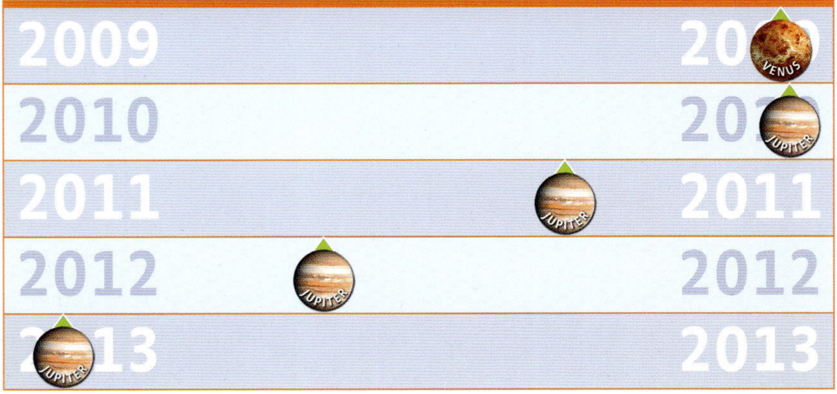

Januar

Der Teufelsstern ändert seine Helligkeit

Die Kassiopeia steht jetzt hoch über dir, das Himmels-W, mit dessen Hilfe du in der Einleitung gelernt hast, dich am Sternenhimmel zu orientieren. Darunter findest du das Sternbild Andromeda, das du schon im Dezember bewundern konntest. Links davon steht Perseus. Sein zweithellster Stern Algol ist sehr bekannt, weil er seine Helligkeit ändert; er heißt auch Teufelsstern. Richtung Horizont, noch unterhalb des Dreiecks, findest du das kleine Tierkreissternbild Widder (Tierkreis siehe Seite 26/27).

Zum Perseus gehört einer der schönsten Sternhaufen. Du kannst ihn in sehr klaren Nächten sogar mit bloßem Auge finden. Suche zwischen Perseus und Kassiopeia nach einem blassen Nebelfleck. Besser sieht man den Sternhaufen im Fernglas, dabei erkennt man, dass er aus zwei einzelnen Haufen besteht, es ist also ein Doppelhaufen. Sein lustiger Name lautet „h und Chi" (sprich: „Ha und Schi"). Zu beiden gehören etwa 300 Sterne, ihr Licht braucht 7 500 Jahre bis zur Erde.

Doppelsternhaufen h und Chi

Die Mondphasen

Die Erde wandert nicht allein um die Sonne, der Mond begleitet sie. 27,3 Tage braucht er, um die Erde zu umkreisen. Der Mond leuchtet nicht selbst, sondern wird von der Sonne beschienen. Wir sehen nur bei Vollmond einen runden Mond, in anderen Nächten ist er als schmale Sichel oder zur Hälfte sichtbar. Wenn die gesamte helle Seite von der Erde wegzeigt, sehen wir gar keinen Mond: Es ist Neumond. Diesen Wechsel nennt man „Mondphasen".

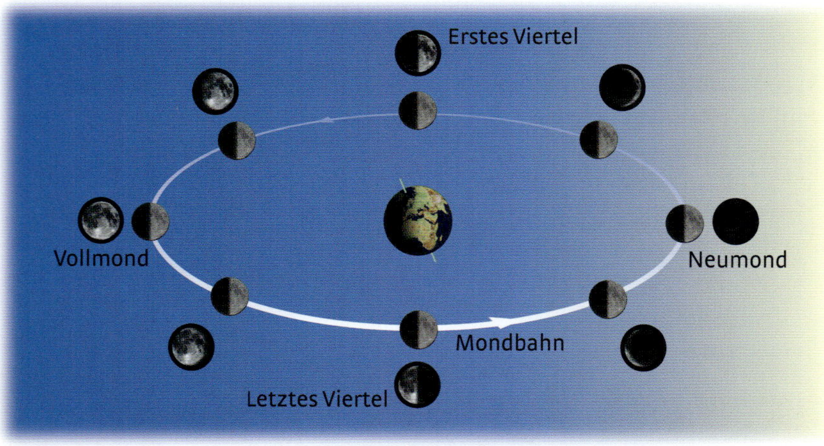

Hier sieht man, wie das Licht der Sonne und der wandernde Mond bewirken, dass es Mondphasen gibt. Wenn der Mond sich vom Neumond zur Vollmond-Position bewegt, wird die Mondsichel immer dicker, man spricht dann vom „zunehmenden Mond". Bewegt er sich vom Vollmond in Richtung Neumond, sagt man, der Mond „nimmt ab". Hier eine einfache Regel: Krümmt sich die Sichel in die gleiche Richtung wie der „Bauch" von einem kleinen „**a**", so handelt es sich um einen **a**bnehmenden Mond.

Schon gewusst?

Der Mond hat eine felsige Oberfläche mit vielen Kratern. Von 1969 bis 1972 landeten dort insgesamt zwölf amerikanische Astronauten. Weil es auf dem Mond keine Luft gibt, mussten sie Raumanzüge tragen. Wegen der geringeren Anziehungskraft dort hüpften sie lustig durch die Landschaft. Für die etwa 400 000 km lange Reise brauchten sie nur drei Tage.

Astronaut im Luftsprung

Der Mond läuft immer gleich um die Erde: Der Neumond steht am Tageshimmel und ist unsichtbar. Die junge Mondsichel geht in der Abenddämmerung unter, der zunehmende Mond scheint in der ersten Nachthälfte, der Vollmond geht zu Sonnenuntergang auf und ist die ganze Nacht zu sehen. Wenn also in einem Film der Vollmond mitten in der Nacht aufgeht, brauchst du das nicht zu glauben: Das ist Quatsch!

Schau genau hin!

Wenn nur eine schmale Mondsichel zu sehen ist, kann man bei sehr klarer Sicht manchmal die dunkle Seite des Mondes schwach leuchten sehen. Diese Seite wird zwar nicht direkt von der Sonne beleuchtet, sie bekommt aber etwas Licht von der hellen Erde. Man nennt diesen Effekt „Erdlicht“.

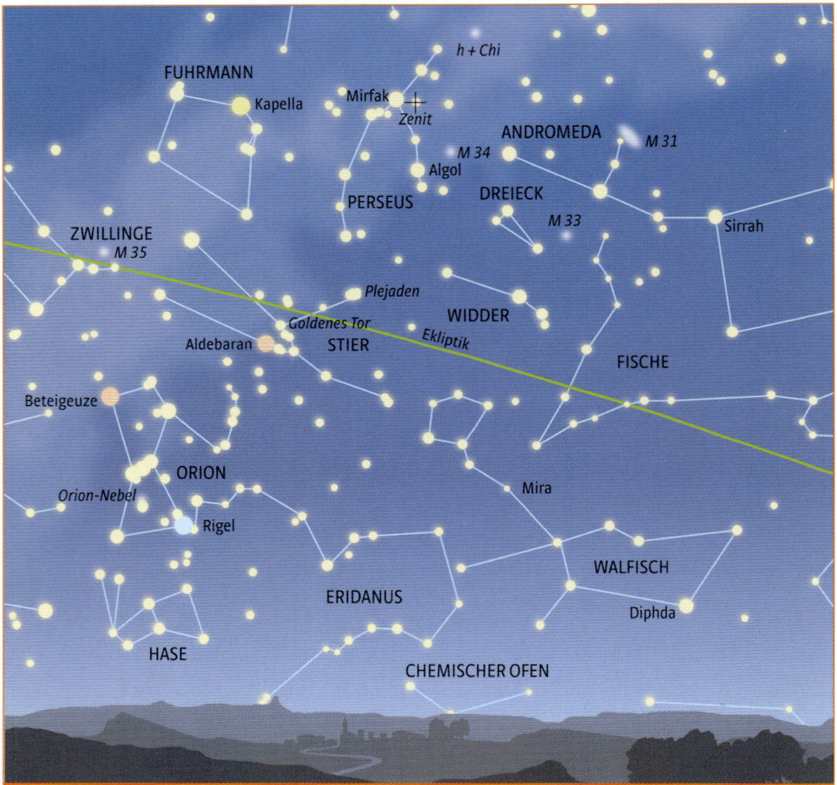

FUHRMANN
Kapella
Mirfak
h + Chi
Zenit
ANDROMEDA
M 31
M 34
Algol
PERSEUS
DREIECK
M 33
Sirrah
ZWILLINGE
M 35
Plejaden
WIDDER
Goldenes Tor
Aldebaran
STIER
Ekliptik
FISCHE
Beteigeuze
ORION
Orion-Nebel
Mira
Rigel
WALFISCH
ERIDANUS
Diphda
HASE
CHEMISCHER OFEN

2009
2010
2010
2011
2012
2012
2013
2013
VENUS
JUPITER
JUPITER
VENUS
JUPITER

Schon gewusst?

Es gibt Sterne, die sind viel größer als unsere Sonne. Ein Beispiel ist Beteigeuze im Orion. Sein Durchmesser ist 600-mal größer. Auch der helle Mirfak ist riesig, er ist 60-mal größer, und seine Leuchtkraft übertrifft die Sonne um das 5000-Fache.

Februar

Das Siebengestirn ähnelt dem Großen Wagen

Perseus mit seinem gelbweißen Hauptstern Mirfak steht nun genau über dir. Links findest du den Fuhrmann, ein Fünfeck mit unterschiedlich langen Seiten, mit seinem hellen Stern Kapella. Unterhalb von beiden liegt das gut sichtbare Tierkreissternbild Stier. Sein hellster Stern ist der rötliche Aldebaran. Links darunter taucht der eindrucksvolle Orion auf. Hier kann man mit ein wenig Phantasie den Krieger Orion erkennen: Der rötliche Hauptstern Beteigeuze bildet die linke Schulter, hinzu kommen ein Kopf- und ein rechter Schulter-Stern. Drei sichtbare Sterne sind der Gürtel, an dem ein Schwert hängt. Der bläulich-helle Stern Rigel ist der rechte Fuß.

Die Plejaden

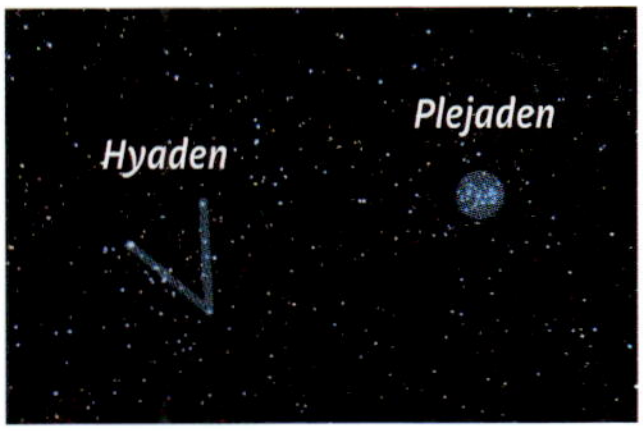

Amateuraufnahme

Das Sternbild Stier hat einiges zu bieten, zum Beispiel das Siebengestirn. Dieser Sternhaufen heißt auch M 45 oder Plejaden und besteht aus 130 Sternen. Mit bloßem Auge kannst du meist nur sechs erkennen, die zusammen aussehen wie ein ganz kleiner Großer Wagen. Besser erkennst du die Form im Fernglas. Ein weiterer Haufen im Stier sind die Hyaden, die du direkt neben dem Aldebaran ausmachen kannst. Du erkennst sie an ihrer Form, die dem Buchstaben V ähnelt. Achtung: Die Hyaden sind am Himmel viel größer als die Plejaden!

Mondfinsternisse – wenn der Mond dunkelrot wird

Mehrmals pro Jahr bewegt sich der Mond durch den Schatten der Erde. Das klappt nur bei Vollmond, wenn die Erde zwischen Sonne und Mond steht. Das genaue Datum kann lange vorher berechnet werden (siehe Kasten). Der Mond ist viel kleiner als die Erde, er passt komplett in den Erdschatten.

Schon gewusst?

In den kommenden Jahren kannst du von Deutschland aus mehrere Mondfinsternisse beobachten: An Silvester 2009, also dem 31. Dezember, gibt es zum Beispiel eine partielle Finsternis. Knapp ein Jahr später, am 21. Dezember 2010 eine totale. Die Mondfinsternis am 15. Juni 2011 ist ebenfalls total, genauso wie die am 10. Dezember im gleichen Jahr.

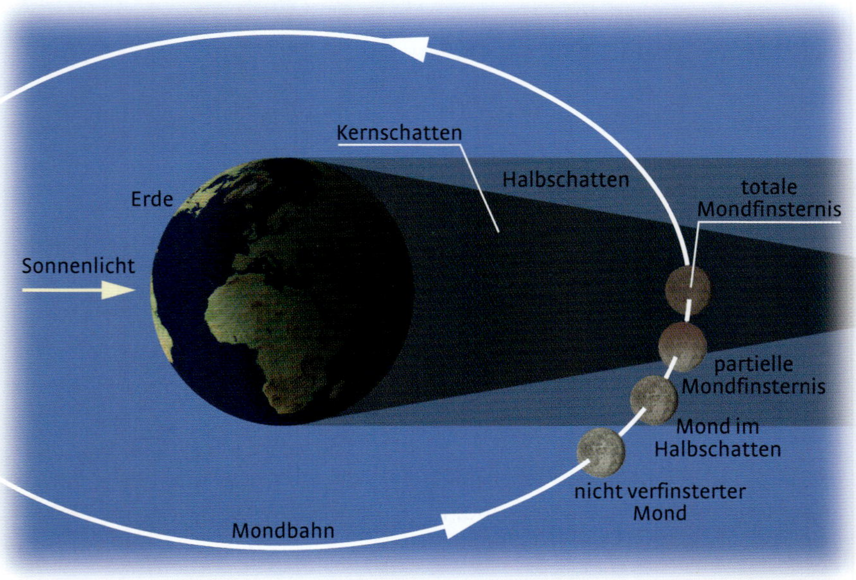

Die einzelnen Phasen einer Mondfinsternis

Schau genau hin!

Der Mond zeigt der Erde immer die gleiche Seite. Das liegt daran, dass er sich genau so schnell um sich selbst dreht, wie er auch die Erde umrundet. Lange war deshalb unklar, wie die Rückseite des Mondes aussieht. Zuerst konnten russische Raumsonden die Mondrückseite fotografieren. Verglichen mit der Vorderseite sieht sie langweilig aus.

Die Mond-Vorderseite

Die Rückseite des Mondes

Die Zeichnung zeigt, dass die Erde in Wirklichkeit einen Kernschatten und ringsum einen Halbschatten wirft. Tritt der Mond komplett in den Kernschatten, spricht man von einer „totalen Mondfinsternis“. Ungefähr jede dritte Mondfinsternis ist total. Alle anderen sind „partielle Mondfinsternisse“. Bei einer totalen Finsternis verschwindet der Mond scheinbar immer mehr, bis am Ende nur ein orange-rot schimmernder Mond übrig bleibt. Danach bekommt er nach und nach wieder mehr Sonnenlicht. Nach einigen Stunden ist die Finsternis vorüber.

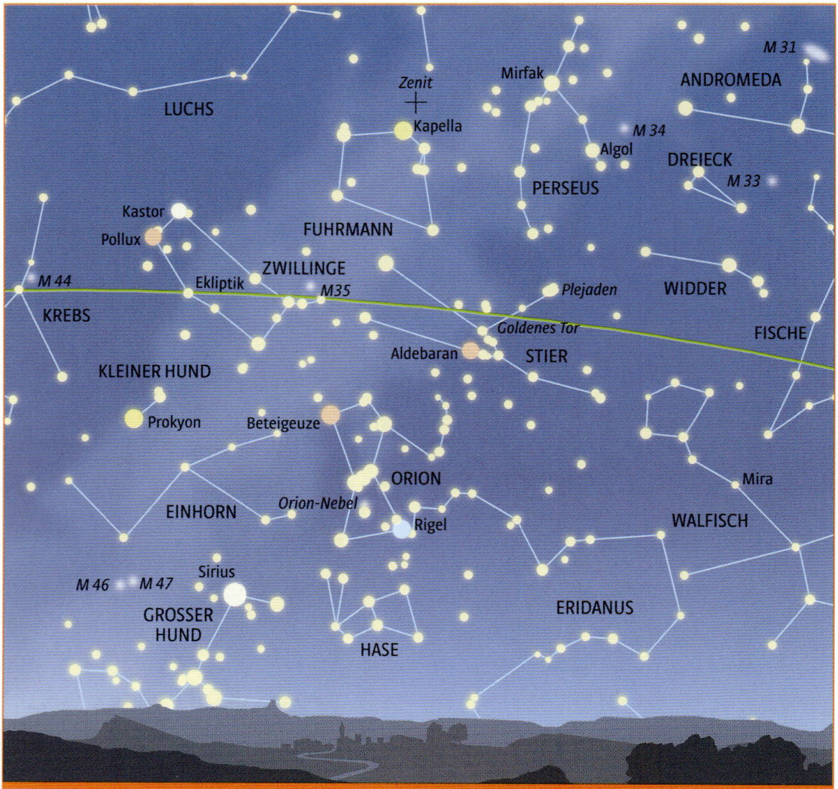
M 31
ANDROMEDA
Zenit
Mirfak
LUCHS
Kapella
M 34
Algol
DREIECK
M 33
PERSEUS
Kastor
Pollux
FUHRMANN
ZWILLINGE
M 44
Ekliptik
M35
Plejaden
WIDDER
KREBS
Goldenes Tor
FISCHE
Aldebaran
STIER
KLEINER HUND
Prokyon
Beteigeuze
ORION
Mira
EINHORN
Orion-Nebel
Rigel
WALFISCH
Sirius
M 46
M 47
GROSSER HUND
ERIDANUS
HASE

2009
2009
2010
MARS
2010
2011
2011
2012
JUPITER
2012
VENUS
2013
JUPITER
2013

März

Zwei Hunde tauchen am Himmel auf

Orion

Die gelbliche Kapella steht jetzt fast im Zenit, also genau über dir. Links daneben, etwas tiefer, findest du das Tierkreissternbild Zwillinge mit den hellen Sternen Kastor und Pollux. Rechts davon liegt der Stier, den du aus dem Februar schon kennst. Unterhalb der beiden ist Orion mit seinen auffälligen Sternen Beteigeuze und Rigel gut zu sehen. Hinzu kommen noch zwei Hunde: Erstens der Kleine Hund, der nur aus zwei Sternen besteht. Diese Sterne haben einen ähnlichen Abstand wie Kastor und Pollux, die Sternbilder können deshalb leicht verwechselt werden. Kastor und Pollux sind jedoch gleich hell, die Sterne des Kleinen Hundes unterschiedlich. Am Horizont findest du noch den Großen Hund, links von Orion, mit seinem Hauptstern Sirius: der hellste Stern an unserem Himmel!

Orion-Nebel M 42

Der schönste Nebel am Himmel ist der Orion-Nebel, du findest ihn in der Nähe des Schwertes von Orion, unterhalb der bekannten Gürtelsterne. Er besteht aus leuchtendem Gas und Staub. Sein Licht braucht 1 400 Jahre bis zu uns. In seiner Mitte ist ein kleiner Sternhaufen, von dem nur vier Sterne in einem kleinen Fernrohr zu erkennen sind. Dieser Haufen bringt den Nebel zum Leuchten. Am besten schaust du dir M 42 in einer sternklaren Nacht mit einem Feldstecher oder Fernrohr an.

Tierkreis und Ekliptik

Sternbilder verändern sich nicht und stehen auch zueinander immer gleich – wie eine „Sternen-Tapete", die jede Nacht vorüberzieht. In Wirklichkeit dreht sich die Erde, die Sterne bleiben einfach stehen. Alle Sterne sind viele Lichtjahre von der Erde entfernt.
Ein paar Himmelskörper halten sich jedoch nicht an dieses Spiel: Sonne, Mond und Planeten. Sie alle gehören zu unserem Sonnensystem, sind uns also viel näher.

Wenn man das Licht der Sterne lange genug einfängt, dann sieht man ihre Bewegung. Aber nicht die Sterne bewegen sich, sondern wir!

Beim Mond kannst du beobachten, dass er jeden Tag an einer etwas anderen Stelle vor der „Tapete" steht. Das ist nicht ganz einfach, weil durch das helle Mondlicht viele Sterne unsichtbar werden. Aber wenn du es in sternklaren Nächten mit einem zunehmenden Mond versuchst, solltest du sehen, wie er von Nacht zu Nacht wandert. Aufgepasst: Mit „wandern" ist hier nicht die Bewegung des Mondes innerhalb einer Nacht gemeint, also seine Bewegung vom Aufgang bis zum Untergang, sondern sein Ortswechsel von einer Nacht zur anderen. Für die Sonne gilt das Gleiche, nur kannst du ihre Wanderung vor dem Sternenhimmel nicht beobachten, weil am Tag keine Sterne zu sehen sind.

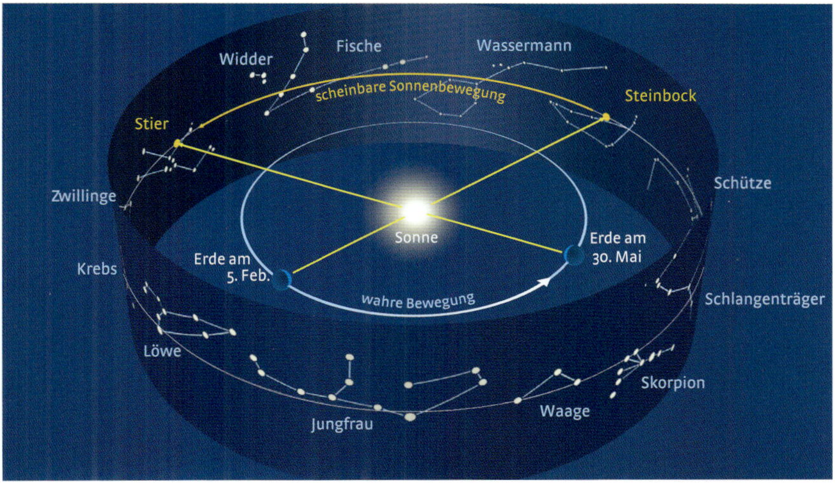

Auch die Planeten halten vor der „Tapete" nicht still, sondern wandern. Allerdings sind sie viel langsamer als der Mond, es braucht Wochen und Monate, bis du die Veränderung siehst. Merke dir: Sonne, Mond und alle Planeten „wandern" ungefähr auf der gleichen gedachten Linie über den Sternenhimmel. Astronomen nennen diese Linie „Ekliptik". Die Sternbilder, durch die diese Linie führt, heißen zusammen Tierkreis. Im Winter steht die Ekliptik nachts hoch, deshalb kannst du im Winter besonders gut Tierkreissternbilder beobachten.

Schon gewusst?

Die Lehre von den Tierkreiszeichen ist über 2 000 Jahre alt. Damals stimmte die Zuordnung von Geburtstagen zu Sternbildern noch. Horoskope, die du heute in Zeitungen findest, berufen sich immer noch auf diese alte Lehre. Doch weil sich die Erdachse über die Jahrtausende ändert, stimmen sie heute nicht mehr. Das heißt: Wer heute meint: „Ich bin Steinbock", ist in Wirklichkeit „Schütze", weil die Sonne zu seiner Geburt im Schützen stand. Und Leute, die Horoskope lesen und meinen, „Waagen" zu sein, sind in Wirklichkeit „Jungfrauen", und so weiter. Denn in zwei Jahrtausenden ist die Sonne ungefähr ein Tierkreiszeichen zurück gewandert.

April-Sternenhimmel

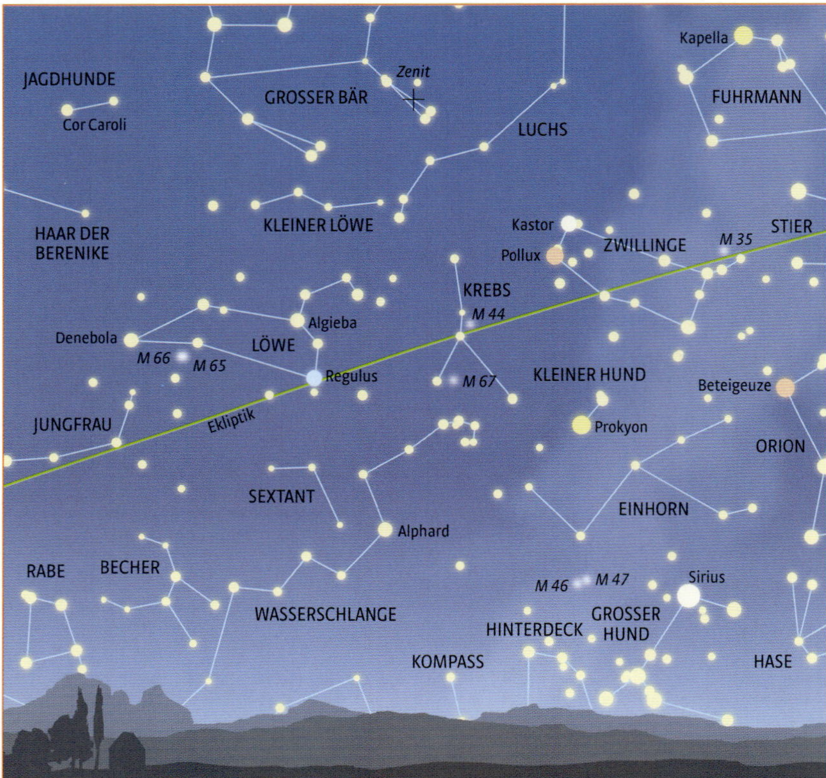

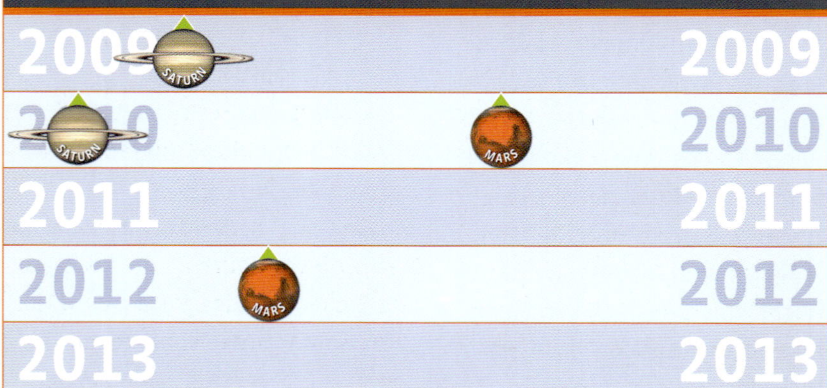

April

Nachbarn am Himmel:
Löwe und Krebs

Schau genau hin!

Der Stern Algieba im Löwen ist ein Doppelstern. Der hellere Stern der beiden ist orange, der schwächere gelb. Um beide zu trennen, brauchst du mindestens ein Fernrohr mit sechs Zentimeter Durchmesser und die höchste Vergrößerung. Regulus besteht ebenfalls aus zwei Sternen, du kannst sie schon mit einem guten Fernglas trennen.

Von den Zwillingen, die wir schon im Januar bewundert haben, kommen wir links zum Sternbild des Löwen. Der Löwe ist auch ein Tierkreissternbild. Sein hellster Stern heißt Regulus, das ist Latein und bedeutet „kleiner König". Auf halber Strecke zwischen den Zwillingen und dem Löwen liegt das Sternbild Krebs, dessen dunkle Sterne wie der Buchstabe Y aussehen; das Y des Krebs steht jedoch auf dem Kopf.

Sternhaufen M 44

In der Mitte des Krebs-Y findest du einen schönen Sternhaufen. Er heißt M 44 und ist sogar mit bloßem Auge zu sehen. Das klappt allerdings nur in einer sehr klaren Nacht ohne störendes Mondlicht. Besser, du nimmst ein Fernglas. Manchmal kommt der Mond auf seinem Weg durch den Tierkreis an M 44 vorbei. Dann kann man sehen, wie er die Sterne dieses Haufens verdeckt. Auch der helle Regulus liegt auf dem Tierkreis und wird deshalb regelmäßig vom Mond bedeckt.

Die Planeten Venus und Merkur

Wenn ein „Stern" überhaupt nicht ins Sternbild passt, in dem er steht, dazu noch hell ist und sich ungefähr auf der Ekliptik befindet, handelt es sich wahrscheinlich um einen Planeten. Anders als die Sterne wandern sie über den Himmel. „Planet" heißt übersetzt „Wandelstern". Die Planeten Venus, Mars, Jupiter und Saturn sind oft gut zu sehen, Merkur ist schwieriger zu beobachten. Ein Tipp zum Erkennen von Planeten: Ihr Licht funkelt weniger als das Licht der Sterne.

Venus

Merkur

Merkur und Venus stehen immer ziemlich nahe der Sonne. Das liegt daran, dass sie auf Bahnen innerhalb der Erdbahn um die Sonne laufen. Du siehst sie entweder kurz nach Sonnenuntergang oder kurz vor Sonnenaufgang. Venus strahlt dann sehr hell, man nennt sie deshalb auch Abend- oder Morgenstern. Merkur ist viel kleiner und dunkler. Ihn kannst du nur im Frühjahr abends und im Herbst morgens sehen. Er bleibt immer dicht am Horizont.

Mars, der Rote Planet

Ein heller „Stern“ auf der Ekliptik mit einem auffallend rötlichen Licht ist meist der Mars. Alle 26 Monate ist er die ganze Nacht sichtbar, aber auch zu anderen Zeiten ist er gut zu beobachten. Mit einem guten Fernrohr kannst du einen hellen Fleck finden: seinen Nordpol. Er ist von Eis und gefrorenem Kohlendioxid bedeckt. Der Mars ist der „Zwilling“ der Erde: Oberfläche und die Mars-Luft sind erdähnlicher als bei allen anderen Planeten. Heute ist es an den meisten Stellen auf dem Mars sehr kalt, früher gab es dort jedoch flüssiges Wasser. Nirgends waren die Chancen für Leben so gut wie auf dem Mars – abgesehen von der Erde. Doch bislang hat keine der zahlreichen Marssonden Lebensspuren entdeckt.

Schon gewusst?

Nur die Planeten Merkur, Venus, Mars und natürlich unsere Erde haben eine feste Oberfläche. Venus und Merkur sind sehr heiß, weil sie so eng um die Sonne kreisen. Merkur ist der sonnennächste Planet und sieht ähnlich aus wie unser Mond. Da es auf dem Merkur keine Luft gibt, wird es dort nachts sehr kalt. Die Venus-Luft ist viel dichter als unsere, auch deshalb ist es dort so heiß, dass sogar Blei schmelzen würde: 465 Grad!

Mars

So sah das Mars-Mobil Spirit seine Landestelle.

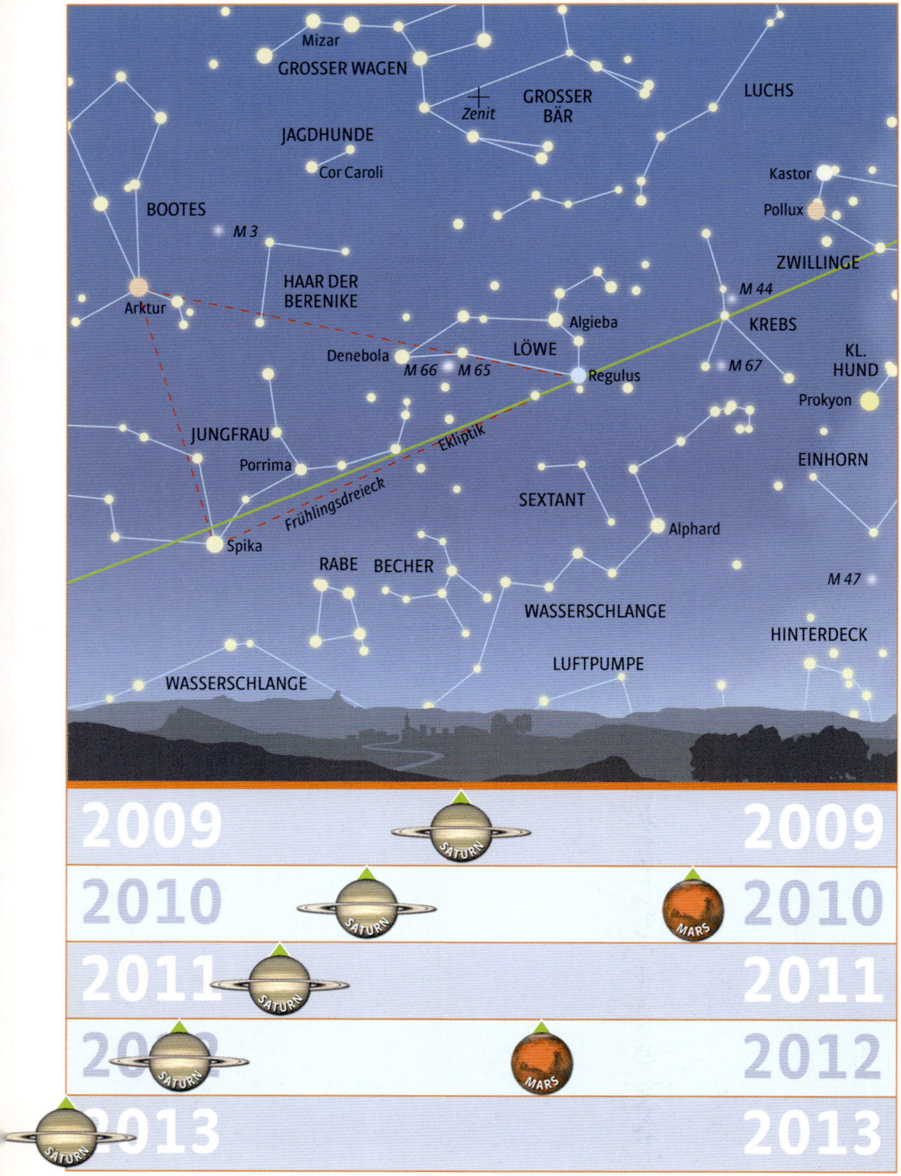
Mizar
GROSSER WAGEN
Zenit
GROSSER BÄR
LUCHS
JAGDHUNDE
Cor Caroli
Kastor
Pollux
BOOTES
M 3
ZWILLINGE
HAAR DER BERENIKE
M 44
Arktur
Algieba
KREBS
Denebola
LÖWE
KL. HUND
M 66
M 65
Regulus
M 67
Prokyon
JUNGFRAU
Ekliptik
Porrima
EINHORN
Frühlingsdreieck
SEXTANT
Alphard
Spika
RABE
BECHER
M 47
WASSERSCHLANGE
HINTERDECK
LUFTPUMPE
WASSERSCHLANGE
2009
SATURN
2009
2010
SATURN
MARS
2010
2011
SATURN
2011
2012
SATURN
MARS
2012
2013
SATURN
2013

Mai

Drei helle Sterne bilden das Frühlingsdreieck

Im Süden ist, wie schon im April, der Löwe gut zu sehen. Weiter links folgt das Tierkreissternbild Jungfrau. Ihren Hauptstern Spika findet man so: Die nach hinten verlängerte Deichsel des Großen Wagen zeigt auf den Stern Arktur im Sternbild Bootes (siehe Seite 36/37). Wenn du diesen Bogen noch weiter ziehst, landest du automatisch bei Spika. Dieser Stern leuchtet bläulich weiß und ist viel heller als die ziemlich dunklen restlichen Jungfrau-Sterne. Arktur, Spika und Regulus im Löwen bilden zusammen das Frühlingsdreieck. Dieses große Dreieck ist kein echtes Sternbild, denn alle drei Sterne gehören zu verschiedenen Sternbildern. Da man es im Frühjahr gut am Abendhimmel sieht, hat man ihm einen eigenen Namen gegeben.

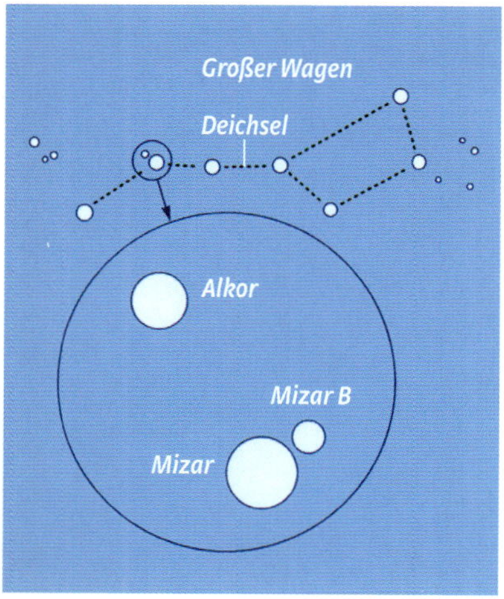

Doppelsterne im Großen Wagen

Der Große Wagen steht jetzt hoch über dir. Dort gibt es einen berühmten Doppelstern. Du findest ihn am Knick der Deichsel. Er heißt Mizar und wird von dem dunkleren Alkor begleitet, der auch „Reiterlein" heißt. Du kannst die beiden bereits mit bloßem Auge erkennen. Sie sind 78 Lichtjahre von uns entfernt. Viel enger an Mizar steht ein weiterer Stern. Um auch diesen zu trennen, brauchst du ein kleines Fernrohr und die stärkste Vergrößerung.

Die Riesenplaneten Jupiter und Saturn

Fliegt man am Mars vorbei, taucht erst einmal der Planetoidengürtel auf: Hunderttausende kleine Körper, die überwiegend aus Felsen bestehen, kreisen hier um die Sonne. Ceres ist der größte von ihnen. Dahinter kommen die Riesenplaneten: Sie sind allesamt aus Gas, haben also keine feste Oberfläche, auf der man landen könnte.

Schon gewusst?

Jupiter ist der größte Planet des Sonnensystems und schwerer als alle anderen Planeten zusammen. Er hat über 60 bekannte Monde. Der größte, Ganymed, ist der größte Mond des Sonnensystems und sogar größer als der Planet Merkur. Der Jupitermond Europa hat einen Ozean unter seiner gefrorenen Oberfläche. Saturn hat knapp 60 Monde. Titan ist der größte, er hat als einziger Mond eine eigene Atmosphäre.

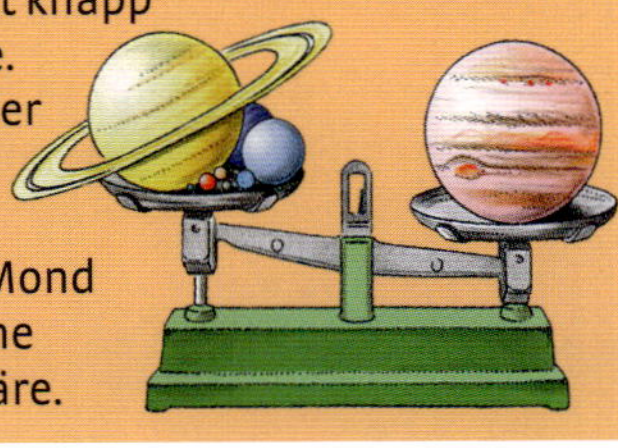

Jupiter mit seinem Mond Io

Der hellste dieser Riesen ist Jupiter, oft ist er sogar der hellste „Stern“ am Himmel. Er hat ein strahlend weißes Licht. Saturn ist nicht ganz so hell und leuchtet gelblich. Seine berühmten Ringe siehst du am besten im Fernrohr. Für beide Planeten gilt: Etwa alle 13 Monate sind sie ein paar Wochen lang die ganze Nacht gut zu sehen.

Uranus kannst du mit bloßem Auge gerade noch erkennen, besser benutzt du einen Feldstecher. In den kommenden Jahren gilt: In der zweiten Hälfte des Monats September kannst du Uranus die ganze Nacht beobachten. Er sieht aus wie ein dunkler Stern und leuchtet grünblau.

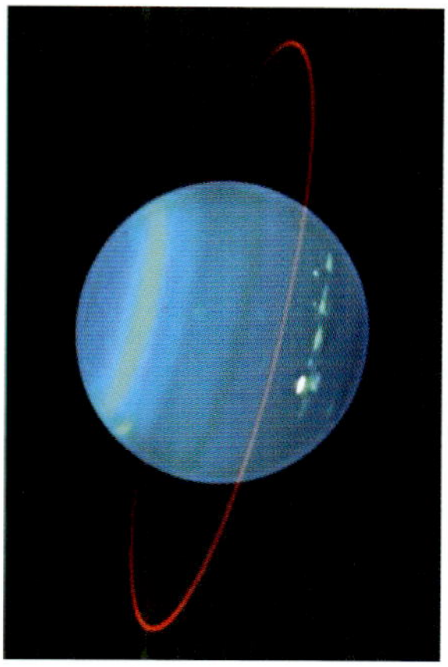
Uranus mit Ringen

Illustration von Saturn mit der Sonde Cassini
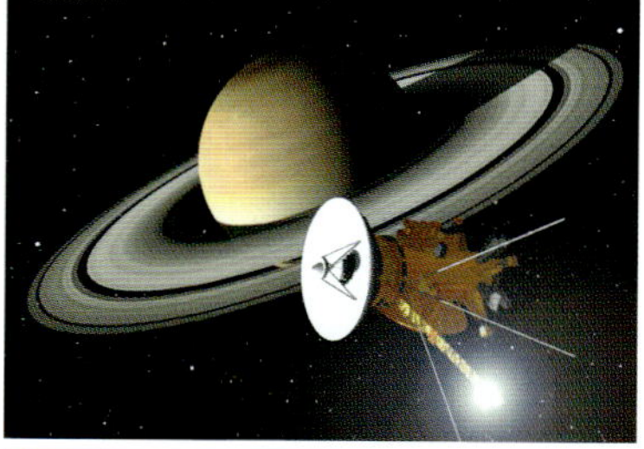

Schau genau hin!

Mit einem Fernrohr siehst du auf der Oberfläche des Jupiter dunkle Streifen, das sind Wolkenbänder. Umgeben ist er von vier Lichtpunkten: den größten Jupitermonden. Saturns Ringe werden im September 2009 für einige Zeit „verschwinden", weil wir direkt auf ihre Kante schauen. Dann kann man die Saturnmonde besonders gut sehen.

Neptun ist noch dunkler, für ihn brauchst du ein Fernrohr. Er ist in den nächsten Jahren jeweils im August die ganze Nacht über sichtbar, steht dann jedoch immer ziemlich nah am Horizont. Um die beiden zu finden, brauchst du genaue Aufsuchkarten, z. B. aus dem Kalender „KOSMOS Himmelsjahr". Uranus und Neptun wurden erst entdeckt, als es Fernrohre gab. Weil sie so weit von der Sonne entfernt sind, herrschen dort eisige Temperaturen.

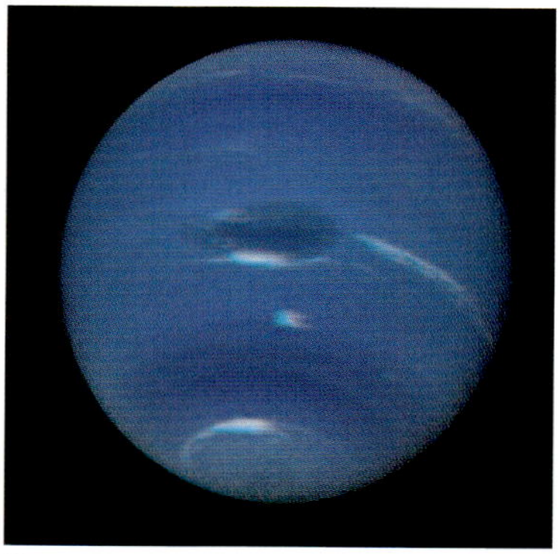
Neptun

GROSSER WAGEN
Mizar
Zenit
GROSSER BÄR
LUCHS
HERKULES
M 13
NÖRDL. KRONE
JAGDHUNDE
Cor Caroli
KLEINER LÖWE
Gemma
M 3
Arktur
HAAR DER BERENIKE
Algieba
LÖWE
Regulus
Denebola
M 66
M 65
BOOTES
SCHLANGE (KOPF)
M 5
JUNGFRAU
Porrima
SEXTANT
Spika
RABE
BECHER
WAAGE
SKORPION
Antares
WASSER-SCHLANGE

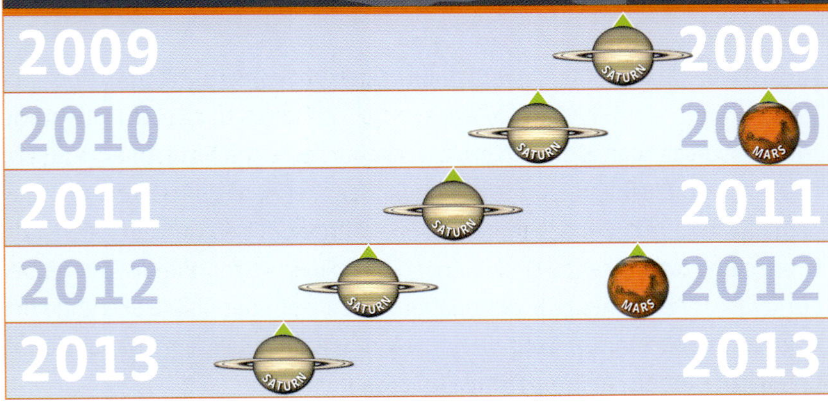
2009
SATURN
2009
2010
SATURN
MARS
2011
SATURN
2011
2012
SATURN
MARS
2012
2013
SATURN
2013

Schau genau hin!

Zwischen Arktur und den Jagdhunden findest du den Sternhaufen M 3. Um ihn als nebligen Fleck zu sehen, brauchst du mindestens ein Fernglas. In einem Fernrohr erkennst du ihn besser, er besteht aus vielen tausend Sternen. Sein Licht braucht 34 000 Jahre bis zu uns. Ein weiterer schöner Sternhaufen ist M 5, du kannst ihn links neben der Jungfrau entdecken.

Sternhaufen M 5

Juni

Dem Großen Bär folgen Jagdhunde und Rinderhirte

Weil es im Juni und Juli sehr spät dunkel wird, eignen sich diese Monate nicht so gut für die Sternbeobachtung, es sei denn, man macht Urlaub in Südeuropa: Dort wird es früher dunkel, und über dem Meer stört meist kein künstliches Licht. Wenn du zu Hause sehr spät die Sterne beobachten willst, dann benutze die Karte für einen Monat später: Mitternacht im Juni = Sternenkarte für den Juli. Du kannst auch versuchen, um 22.30 Uhr nur die hellsten Sterne zu erkennen. Arktur eignet sich dafür gut: Der hellste Stern im Sternbild Bootes leuchtet rötlich. Bootes wird auch Rinderhirte genannt.

Hoch über dir steht immer noch der Große Wagen, schon leicht nach rechts Richtung Westen verschoben. Der Große Wagen gehört eigentlich zum viel größeren Sternbild Großer Bär. Da die zusätzlichen Sterne des Bären recht dunkel sind, ist der Große Wagen jedoch viel bekannter. Mit etwas Glück siehst du die Bärentatzen: lange Dreiecke unterhalb des Wagenbodens. Auf halber Strecke zwischen Arktur und den Tatzen steht das kleine Sternbild der Jagdhunde. Es besteht aus nur zwei Sternen. Der hellere heißt Cor Caroli. Mit einem kleinen Teleskop kannst du erkennen, dass er ein Doppelstern ist.

Wenn der Tag zur Nacht wird: die Sonnenfinsternis

Hin und wieder schiebt sich der Mond vor die Sonne. Das klappt nur bei Neumond, wenn der Mond zwischen Sonne und Erde steht. Dann fällt der Mondschatten auf die Erde. Die Erde ist jedoch viel zu groß, um in den kleinen Schatten zu passen. Stattdessen gibt es nur einen dunklen Schatten-„Fleck“, der auf der Erde wandert.

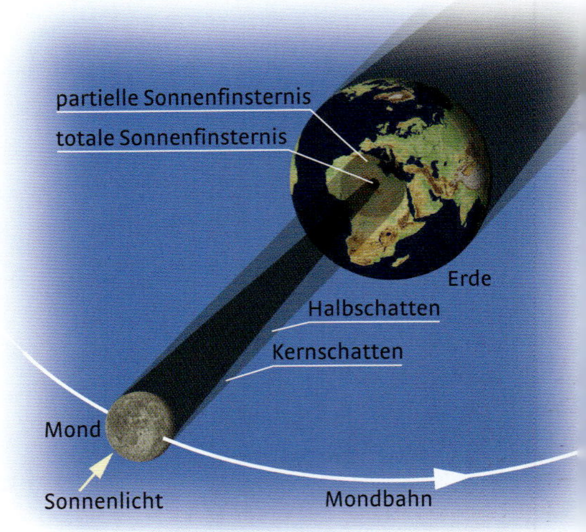

Ähnlich wie bei der Mondfinsternis gibt es einen dunklen Kernschatten und einen helleren Halbschatten. Man spricht auch hier von „totaler“ oder „partieller“ Sonnenfinsternis.

Schon gewusst?

In den kommenden Jahren sind Sonnenfinsternisse in Deutschland ziemlich selten: Die nächste partielle Sonnenfinsternis wird sich am 4. Januar 2011 abspielen, hoffentlich bei gutem Wetter. Bis zur nächsten totalen Sonnenfinsternis müssen wir noch sehr lange warten: Die ist erst im Jahr 2081, dann verfinstert sich die Sonne in Süddeutschland und Teilen von Österreich und der Schweiz.

Vorsicht: Niemals direkt in die Sonne schauen! Bei jeder Sonnenfinsternis erblinden Menschen, weil sie nicht wissen, dass auch die schmale Sonnensichel brandgefährlich ist. Wenn bei uns eine Sonnenfinsternis ansteht, findest du überall günstige Sonnenfinsternis-Brillen. Eine normale Sonnenbrille reicht auf keinen Fall! Auch niemals mit einem Fernglas oder Fernrohr in die Sonne schauen: Sie verstärken die Sonnenstrahlen noch. Für Fernrohre gibt es spezielle Filter zur Sonnenbeobachtung.

Totale Sonnenfinsternis: Die leuchtende Atmosphäre der Sonne, die Corona, wird sichtbar.

Eine totale Sonnenfinsternis ist ein einmaliges Naturschauspiel: Es wird rasch dunkler, beinahe Nacht. Vögel legen sich schlafen, Fledermäuse, die sonst nur in der Dämmerung aktiv sind, flattern. Es wird kühler, wegen des Temperaturabfalls kommt Wind auf.

Mit einer Schutzbrille kannst du sehr schön sehen, wie sich der Mond langsam vor die Sonne schiebt – und wieder abzieht. Nach ein paar Minuten ist alles vorbei. Bei einer partiellen Sonnenfinsternis wird es nicht dunkel, denn die Sonne verschwindet nicht ganz. Du brauchst jedoch auch hier eine Sonnenfinsternis-Brille.

Bei einer partiellen Sonnenfinsternis sieht die Sonne kurze Zeit aus wie eine Mondsichel.

Juli-Sternenhimmel

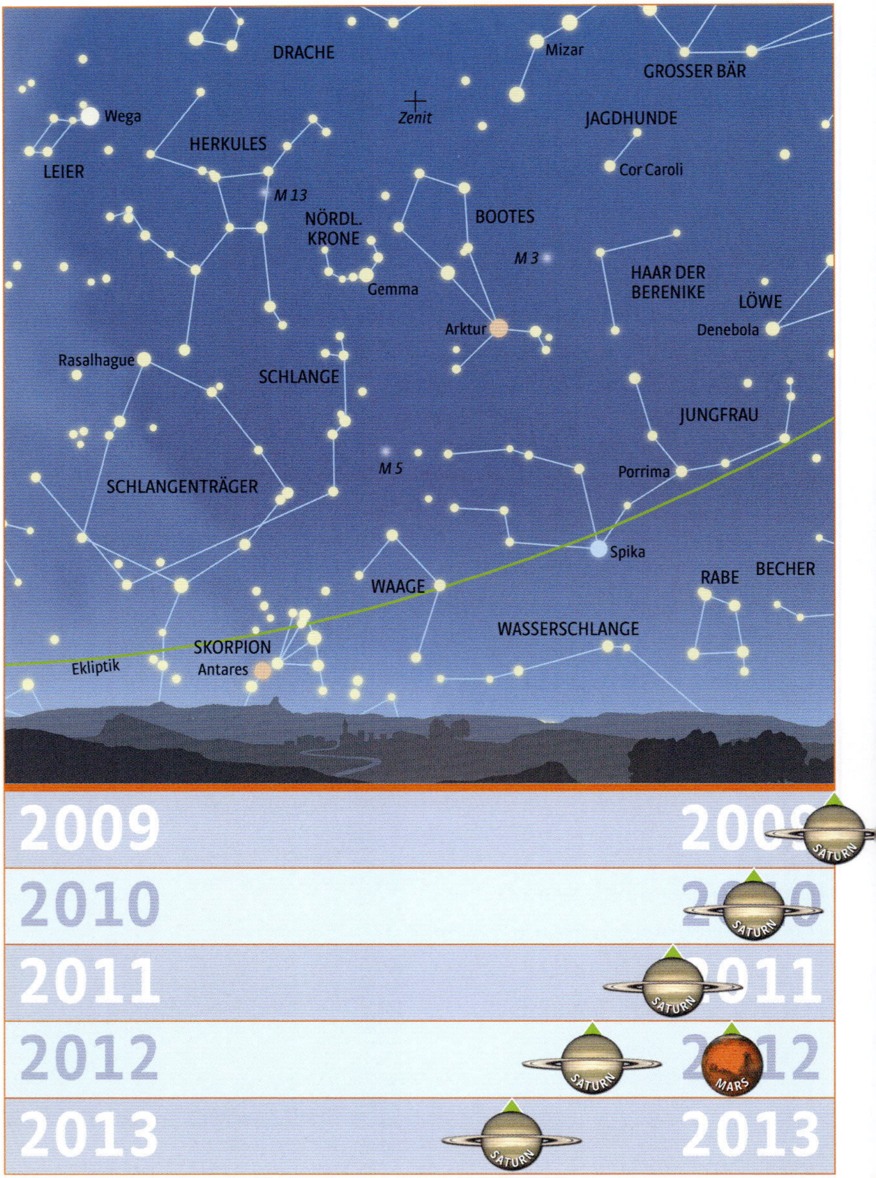

Schau genau hin!

Im Herkules findest du den Sternhaufen M 13, er ist bereits in einem Fernglas als nebliges Fleckchen zu erkennen. In einem kleinen Fernrohr siehst du ein Gewimmel aus unzähligen Sternen. Im Jahr 1974 funkten Forscher dorthin eine Botschaft, um außerirdische Wesen über die Menschheit zu informieren – jedoch weiß niemand, ob dort tatsächlich irgendjemand lebt oder ob solche Wesen Funksprüche verstehen können. Falls es überhaupt außerirdisches Leben gibt, kann es sich auch um ganz einfache Lebewesen wie Bakterien handeln. Jedenfalls warten die Funker immer noch auf eine Antwort.

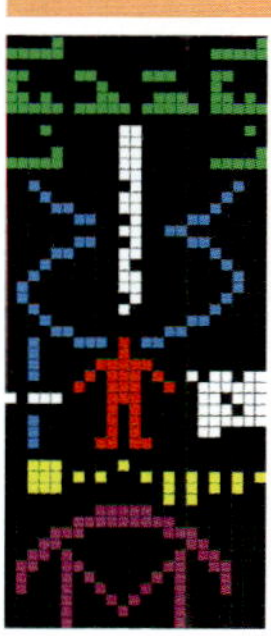
Funkbotschaft

Juli

Eine Funk-Botschaft ins Sternbild Herkules

Das große Sternbild Herkules steht hoch am Himmel: Halte nach einem unregelmäßigem Viereck Ausschau, von dessen Ecken jeweils zackige „Arme" wegzeigen. Seine Sterne sind aber nicht die allerhellsten. Von dort aus findet man auf halber Strecke in Richtung Bootes ein hübsches kleines Sternbild: die Krone. Ihre Form ähnelt dem Buchstaben U. Der hellste Stern in der Krone ist Gemma, das heißt Edelstein. Sein Licht braucht 75 Jahre bis zu uns. Unterhalb der Krone stehen auf dem Tierkreis die Sternbilder Waage und Skorpion. Beide sind sehr nah am Horizont.

Das Tierkreissternbild Skorpion kann man in Südeuropa besser beobachten. Sein Hauptstern Antares ist recht hell und leuchtet rötlich. Von ihm weg zeigen vier „Finger" nach rechts.

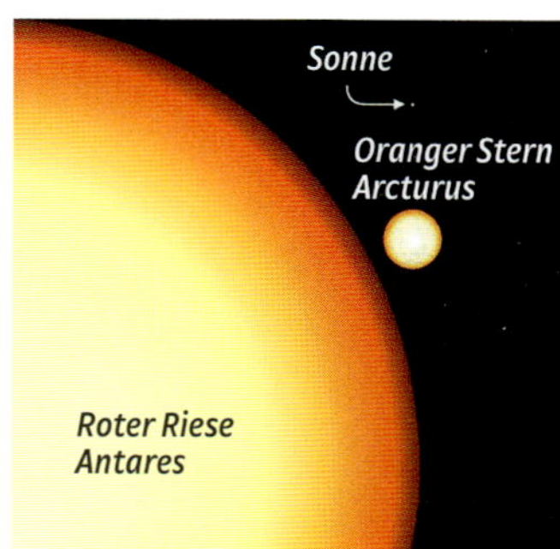

Antares ist ein Riesenstern, 700-mal größer als die Sonne. Sein Licht braucht 600 Jahre zu uns. Der Name heißt übersetzt „Gegenmars" – wegen seiner Farbe kann man ihn mit dem ebenfalls roten Mars verwechseln.

Kometen, Sternschnuppen und Planetoide

Ab Mitte Juli kannst du viele Sternschnuppen am Himmel beobachten. Bis Ende August kreuzt die Erde die Bahn eines Kometen, der dort winzige Steinchen und Staubkörner verteilt hat. Beim Kontakt mit der Erdatmosphäre leuchten sie kurz auf. Um den 12. August wirst du die meisten Sternschnuppen sehen. Solche Kometen bestehen aus Eis vermischt mit Staub. Wenn sie in die Nähe der Sonne kommen, erhitzen sie sich und das Eis verdampft. Sie entwickeln dann einen Schweif aus Staub und Gas. Der Staub bleibt auf der Bahn zurück. Je öfter Kometen der Sonne nahe kommen, umso schwächer werden sie.

Raumsonde beim Kometen Borelly

Im Gegensatz zu kleineren Staubkörnchen, verglühen größere Steine nicht vollständig. Deshalb findet man manchmal schwarze Klumpen, sogenannte Meteorite, die auf unserer Erde eingeschlagen sind. Sie sind recht häufig, jedes größere Naturkundemuseum hat welche. Man kann sie sogar kaufen oder mit viel Glück selber finden.

Sternschnuppe

Marsmond Phobos – ein eingefangener Planetoid

Neben den acht Planeten gibt es in unserem Sonnensystem Millionen kleinere Brocken, die einen Durchmesser von ein paar Metern oder von über hundert Kilometern haben: Planetoide. Die meisten sind zwischen Mars und Jupiter zu Hause, im sogenannten Planetoidengürtel. Manche von ihnen geraten auf Bahnen, die auch die Erdbahn kreuzen. Dann kannst du in den Zeitungen Artikel über angebliche Zusammenstöße lesen. Doch lass dich nicht ins Bockshorn jagen: Die Gefahr ist gering.

Als die Erde noch jung war, gab es wohl mehrere Zusammenstöße mit großen Planetoiden, ein paar sind bekannt: Vor über 4 000 Millionen Jahren entstand unser Mond. Wahrscheinlich krachte damals ein großer Himmelskörper in die Erde. Dieser wurde dabei komplett zerstört. Seine Trümmer und Gestein von der Erde sammelten sich in der Erdumlaufbahn. Später wurden sie zu unserem Mond zusammengebacken.

Vor 65 Millionen Jahren führte ein Einschlag bei Mexiko zu Überschwemmungen, Waldbränden und einer Eiszeit, weil die Atmosphäre sich verdunkelte – die Dinosaurier und viele andere Tiere starben aus.

So könnte der Einschlag eines großen Planetoiden ausgesehen haben.

August-Sternenhimmel

2009 2009

2010 2010

2011 2011

2012 2012

2013 2013

Saturn

Saturn

Schau genau hin!

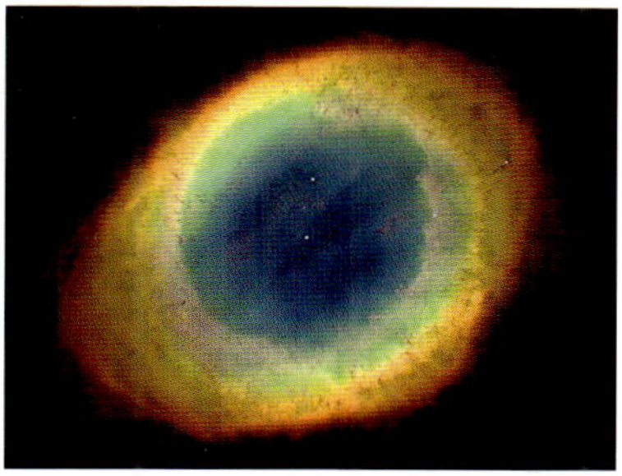

Auch die Leier hat einiges zu bieten: Der Nebel M 57 sieht im Fernrohr wie ein Ring aus. Er besteht aus Gas, das ein Stern ausgestoßen hat. Diesen Stern sieht man aber nur auf Fotos, im Fernrohr ist er zu schwach. Epsilon, der Stern direkt neben Wega, ist ein Doppelstern, beide Sterne sind fast gleich hell. Am besten schaust du ihn dir im Fernglas an. In einem kleinen Fernrohr siehst du, dass jeder der beiden wiederum ein Paar ist – in Wahrheit sind es also vier Sterne.

August

Das Sommerdreieck rückt in den Blick

Von Osten her steigen drei Sternbilder immer höher, deren hellste Sterne das große Sommerdreieck bilden. Es ist von jetzt bis in den späten Herbst gut sichtbar, seine Sternbilder dominieren den Südhimmel. Mit seinen hellen Sternen Wega, Deneb und Atair findest du leicht die dazugehörigen Sternbilder: Die weißlich blaue Wega ist der hellste Stern des kleinen Sternbildes Leier, Deneb heißt auf Arabisch „Schwanz", da er am „Schwanzende" des Schwans steht, und Atair ist der Hauptstern des Adlers.

Der Schwan ist ein großes Sternbild, das hoch aufsteigt und aus recht hellen Sternen besteht. Daher kann man ihn besonders gut erkennen. Man stelle sich einen Schwan im Flug vor: Den langen Hals nach vorne gestreckt, die Flügel sind weit hinten, Flügel und Schwanz stehen dicht beieinander. Den Schwanz bildet der hellste Stern Deneb. Der Kopf des Schwans, am Ende des langen Halses, heißt Albireo. Das bedeutet auf Deutsch „Vogel". Albireo ist ein besonders bunter Doppelstern. Im Fernglas oder in einem kleinen Fernrohr siehst du einen hellen goldgelben Stern mit einem blauen Begleiter (siehe auch Seite 46).

Besondere Sterne

Einige Sterne leuchten nicht immer gleich, sondern verändern ihre Helligkeit. Das hat ihnen ihren Namen eingebracht, sie heißen veränderliche Sterne. Dieser Lichtwechsel kann ganz unterschiedliche Gründe haben. Häufig handelt es sich um Doppelsterne: Wenn sie einander umkreisen, kommt es vor, dass einer hinter dem anderen verschwindet.

Doppelstern Epsilon Lyrae ist eigentlich ein Vierfachstern, aber nur zwei Sterne kann man leicht trennen.

Schon gewusst?

Viele Sterne sind nicht allein unterwegs, sie haben mindestens einen Begleiter. Meist sind sie schon gemeinsam entstanden. Die bekanntesten Doppelsterne sind Alkor und Mizar in der Deichsel des Großen Wagens (Seite 33). Gut zu beobachten sind auch der Stern Epsilon in der Leier, der sogar vierfach ist, und Albireo.

Doppelstern Albireo im Schwan

Dann fehlt das Licht dieses bedeckten Sterns, das Sternlicht wird scheinbar dunkler. Astronomen nennen diese Sterne „bedeckungsveränderliche Sterne“. Der bekannteste ist Algol im Perseus (siehe Seite 17). Er ändert seine Helligkeit alle drei Tage. Wenn man über mehrere Tage aufmerksam sein Licht mit anderen Sternen vergleicht, kann man diesen Wechsel sehen.

Es gibt auch andere Arten veränderlicher Sterne. Einer von ihnen ist Mira im Walfisch. Den Walfisch findest du in der Januar-Sternkarte unterhalb der Tierkreissternbilder Fische und Widder. Er steht immer nah am Horizont, seine Sterne sind nicht besonders hell. Mira ist ein gewaltiger Roter Riese, also ein sehr alter Stern, und viel größer als unsere Sonne. Manchmal strahlt er recht hell, dann wieder ist er so dunkel, dass man ihn nur im Fernrohr sieht. Erst im Jahr 2006 fanden Forscher heraus, dass Mira einen Schweif hat – ähnlich wie ein Komet.

Veränderlicher Stern Mira im Walfisch

Der Stern Cor Caroli in den Jagdhunden (siehe Seite 36/37) ist zwar ein Doppelstern, der Hauptstern verändert jedoch seine Helligkeit ganz ohne fremde Hilfe: Ein starkes Magnetfeld sorgt dafür, dass auf seiner Oberfläche immer wieder dunkle Flecken auftauchen. Sind gerade große Flecken vorhanden, ist Cor Caroli dunkler, bei wenigen oder gar keinen Flecken strahlt er heller. Diesen Wechsel kann leider nur ein Profi sehen.

September-Sternenhimmel

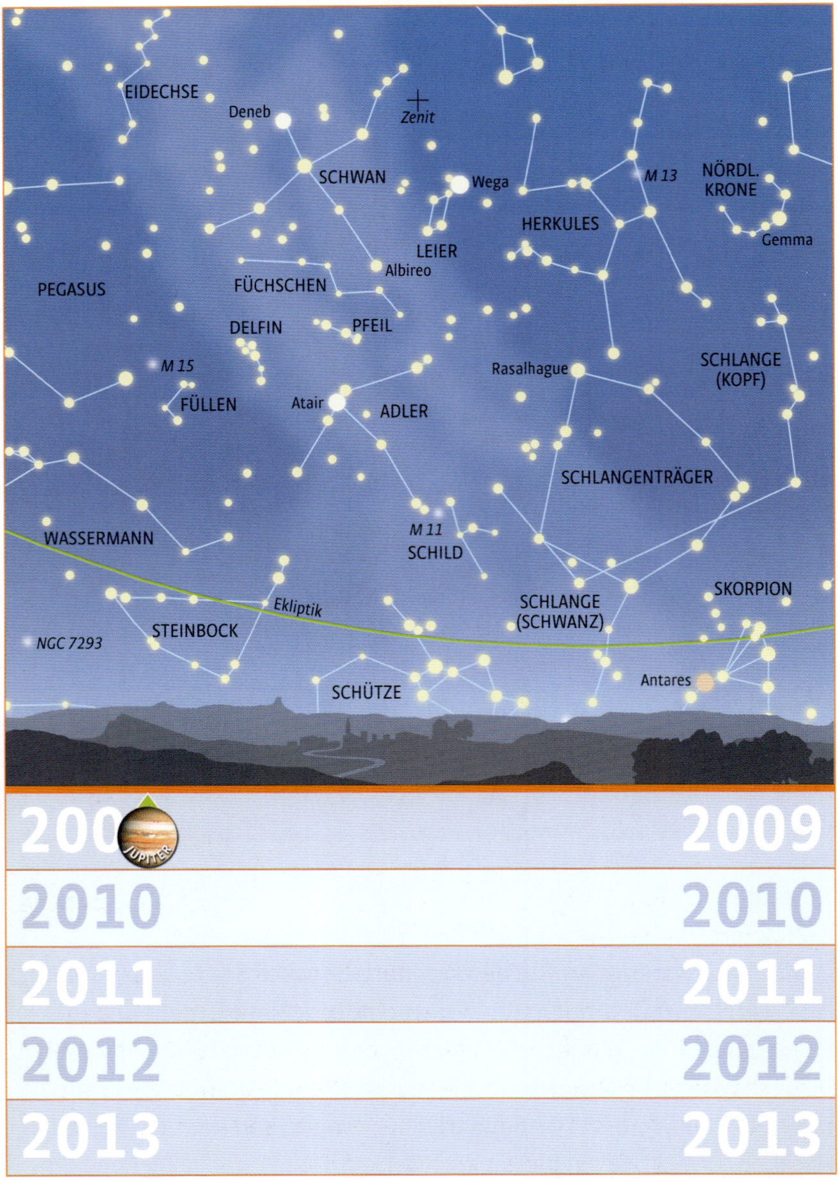

200 JUPITER	2009
2010	2010
2011	2011
2012	2012
2013	2013

September

Ein guter Monat für die Milchstraße

Neben dem riesigen Sommerdreieck (siehe Seite 44/45) liegen zwei kleine Sternbilder, nämlich der Pfeil und der Delfin. Den Pfeil findest du auf dem Weg von Deneb zu Atair. Links daneben liegt der Delfin, seine Form erinnert an einen selbst gebastelten Papierdrachen mit Schnur. Pfeil und Delfin bestehen aus dunklen Sternen, um sie zu sehen brauchst du deshalb eine besonders sternklare Nacht. Ganz nah am Horizont findest du unter dem Adler die Sterne des Tierkreissternbildes Schütze. Im Urlaub am Mittelmeer ist er besser zu sehen als bei uns, ebenso wie der Skorpion. Zwischen Adler und Skorpion liegen zwei weitere unauffällige Sternbilder: die Schlange und der Schlangenträger.

Unsere Milchstraße

Im Sternbild Schwan ist sie jetzt besonders gut zu sehen: die Milchstraße. Falls du die Sternbilder Skorpion und Schütze sehen kannst, versuche, auch dort die Milchstraße zu erkennen. Für die Milchstraße brauchst du immer eine sehr klare Nacht ohne störendes Mondlicht. Lass deinen Augen ein paar Minuten zur Gewöhnung an die Dunkelheit, dann wirst du sie sicher sehen. Sie sieht aus wie ein milchiges Band, das am Himmel steht. Im Fernglas erkennst du: Das Band besteht aus unendlich vielen einzelnen Sternen.

Milchstraße und Galaxien

Im Sommer und Herbst kannst du das neblige Band der Milchstraße besonders gut beobachten, zum Beispiel in den Sternbildern Schwan, Kassiopeia und Perseus. Dafür brauchst du eine gute Sicht, am besten außerhalb der Stadt. Die Kassiopeia kennst du bereits vom Anfang des Buches (Seite 11), der Perseus steht links oberhalb der Andromeda. Im Januar ist er auch sehr gut zu sehen (Seite 17).

Galaxie M 82

Schon gewusst?

Alleine unsere Galaxie hat Milliarden Sterne, fast alle sind für das bloße Auge unsichtbar. Denn bei sehr guter Sicht sind am gesamten Nachthimmel nur etwa 3 500 Sterne zu erkennen. Woran liegt das? Die allermeisten Sterne sind viel zu zu weit entfernt, um sie ohne Fernrohr zu sehen. Manchmal versperren auch dunkle Staubwolken den Blick.

Galaxie NGC 1232

So sehen wir unsere Galaxie.

Die Milchstraße ist seit Jahrtausenden bekannt, doch erst heute weiß man, dass sie unsere Heimatgalaxie ist. Ein Stern kommt nämlich selten allein, meist gehört er zu einem viel größeren Gebilde, das oft wie eine Spirale aussieht. Mit unserer Sonne und den Planeten sind wir mitten in so einem Spiralarm, deshalb können wir die Spirale der Milchstraße nicht erkennen. Alle Sterne oder Nebel, die du mit bloßem Auge beobachten kannst, gehören zur Milchstraße, mit Ausnahme des Andromeda-Nebels M 31 (Seite 13). Unsere Galaxie ist unvorstellbar groß: Das Licht eines Sterns am Rand der Spirale braucht über hunderttausend Jahre, um sie zu durchqueren!

Andromeda-Nebel M 31

Oktober-Sternenhimmel

Schon gewusst?

Im Füchschen wurde 1967 eine ganz neue Art von Sternen entdeckt. Die englische Studentin Jocelyn Bell fand mit einer riesigen Antenne Radiosignale, die von dort zu uns gelangen. Heute wissen die Forscher, dass die Signale von einem Stern stammen, dessen Feuer erloschen ist. Solche toten Sterne heißen Pulsare, es gibt sie an vielen Stellen des Himmels. Diese Signale haben also eine natürliche Quelle, sie stammen nicht von Außerirdischen.

Oktober

Im Sternbild Füchschen fanden Forscher einen funkenden Stern

Deneb, der Hauptstern des Schwans (siehe Seite 44/45), steht nun fast direkt über dir im Zenit. Von Osten her rückt das Sternbild Pegasus ins Bild, das du schon aus dem Dezember kennst. Es wird wie seine Nachbarin Andromeda den ganzen Herbst über zu sehen sein. Deshalb nennt man das Pegasusviereck, das aus drei Pegasus-Sternen und einem Stern von Andromeda besteht, auch Herbstviereck. Am Horizont kannst du nun das Tierkreissternbild Steinbock erkennen. Es steht sehr tief im Süden.

Unter dem Stern Albireo, das ist der Kopf des Schwans (siehe Seite 44/45), findest du das unauffällige Sternbild Füchschen. Seine Zickzackform erinnert ein bisschen an einen sehr flachen Buchstaben M. In einer klaren Nacht kannst du mit bloßem Auge dort einen schwach leuchtenden Fleck ausmachen: den Kleiderbügelhaufen. Diesen Sternhaufen findest du, indem du eine Linie von Albireo über den am nächsten stehenden Füchschen-Stern hinaus verlängerst; dieser Füchschen-Stern ist gleichzeitig der hellste des Sternbilds. Die Form des Haufens ähnelt einem Kleiderbügel.

„Kleiderbügel"-Sternhaufen

Sternhaufen und Nebel

In manchen Wolken aus Gas oder Staub bilden sich neue Sterne. Oft entstehen die jungen Sterne in Gruppen, übrig bleiben danach sogenannte „offene Sternhaufen". Viele dieser Haufen sind nicht sehr stabil, das heißt, in Millionen Jahren „verlieren" sie viele Sterne wieder. Der bekannteste Sternhaufen sind die Plejaden im Sternbild Stier (siehe Seite 21). Eine zweite Sorte von Sternhaufen heißt Kugelsternhaufen. Sie enthalten viel mehr Sterne, oft über hunderttausend. Ihre Sterne sind sehr alt, die Haufen sind ziemlich stabil. Bislang sind etwa 150 Kugelsternhaufen bekannt. Sie sind weit von uns entfernt und umgeben die Milchstraße wie eine Art Wolke.

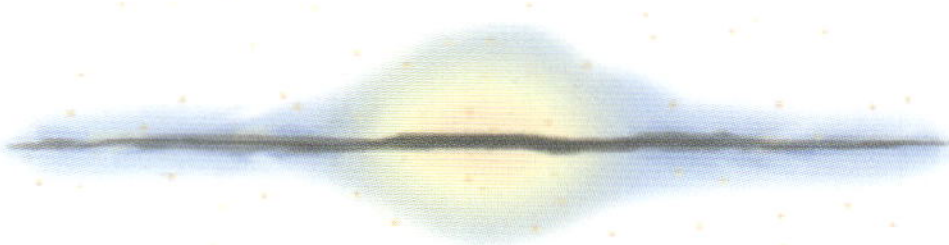

Sehr alte Kugelsternhaufen umgeben unsere Galaxie

Trapez-Sternhaufen im Orion-Nebel

Kugelsternhaufen M 80

Der Pferdekopfnebel ist eine Dunkelwolke aus kaltem Gas und Staub und erinnert in seiner Form an einen Pferdekopf. Er steht vor einem anderen, leuchtenden Nebel, sonst wäre er für uns unsichtbar. Doch selbst mit Fernrohren ist seine Beobachtung schwierig.

Gas- oder Staub-Nebel können selbst leuchten, angeregt durch einen Stern, oder sie spiegeln das Licht naher Sterne. In einigen Sternbildern findest du gut sichtbare Nebel, etwa den Orion-Nebel (Seite 25) oder den Ring-Nebel in der Leier (Seite 45).

Nebel NGC 3603

Schon gewusst?

Ist dir aufgefallen, dass viele Nebel einen Namen haben, der mit „M" anfängt? Das geht auf den französischen Sternforscher Charles Messier zurück, der vor über zweihundert Jahren versuchte, alle „nebligen" Objekte am Himmel zu finden. Heraus kam der Messier-Katalog mit 110 Objekten, die alle mit einem „M" beginnen. Hierzu gehören auch Galaxien.

Aufgepasst: Galaxien und Nebel sehen sich im Fernglas oder Fernrohr zum Verwechseln ähnlich – es sind aber völlig unterschiedliche Objekte.

November-Sternenhimmel

November

Die Wintersternbilder kommen wieder!

Nicht wundern: Der Sternenhimmel im Oktober um 21.00 Uhr Sommerzeit und im November um 18.00 Uhr sieht genau gleich aus! Das liegt daran, dass sich die Sternbilder im Laufe eines Jahres pro Monat um zwei Stunden verschieben. Das ergibt sich aus den zwölf Monaten eines Jahres und den 24 Stunden eines Tages. Und nach zwölf Monaten beginnt das Spiel wieder von vorne.

Schon im Oktober konntest du sehen, dass jetzt die Sternbilder wiederkommen, die du aus den Winter-Kapiteln kennst. Tipp: Je später du im November, Dezember und Januar beobachtest, umso mehr dieser alten Bekannten wirst du treffen. Fortgeschrittene können nach dem Wintersechseck Ausschau halten. Es besteht aus den Sternen Kapella (Fuhrmann), Aldebaran (Stier), Rigel (Orion), Sirius (Großer Hund), Prokyon (Kleiner Hund) sowie Kastor und Pollux (Zwillinge). Dafür musst du im November bis nach Mitternacht wach bleiben und nach Osten schauen. Im Januar siehst du es gegen 22.00 Uhr im Süden.

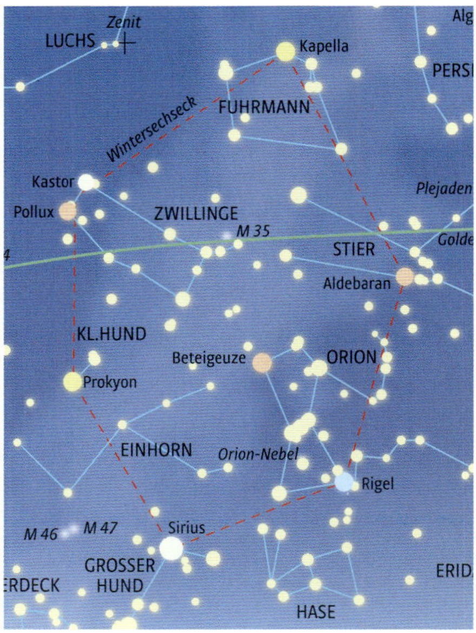

Instrumente zur Himmelsbeobachtung

Du kannst nun Sternbilder, Einzelsterne und Sternhaufen erkennen, und die Planeten findest du mit dem Planetenfinder in diesem Buch. Jetzt willst du bestimmt auch die Himmelsobjekte aus der Nähe betrachten. Zum Thema Fernrohr hier ein paar Tipps, vielleicht willst du dir ja eines zu Weihnachten oder zum Geburtstag wünschen.

In vielen Haushalten gibt es schon ein Fernglas. Damit kannst du Krater auf dem Mond sehen. Wenn du hiermit einen dunklen Stern betrachtest, wirst du ihn viel heller sehen und außerdem Sterne erkennen, die mit bloßem Auge unsichtbar sind. Steht auf einem Fernglas zum Beispiel „7 x 50", dann heißt das: Du siehst dadurch alles siebenmal näher. Die „50" bedeutet: Die Linse des Fernglas hat einen Durchmesser von 50 Millimetern. Man sagt auch, das Fernglas hat eine „Öffnung von 50 Millimetern".

Falls du mehr über unsere Sterne wissen willst, besuch doch einfach ein Planetarium oder eine Sternwarte in deiner Nähe (hier: Planetarium in Wolfsburg).

Schon gewusst?

Mit dem Fernrohr siehst du nur noch einen kleinen Teil des Himmels. Für Sternbilder ist dieser Ausschnitt zu klein, die betrachtest du am besten mit bloßem Auge. Bei vielen astronomischen Fernrohren stehen die Bilder auf dem Kopf. Für deine Beobachtungen am Himmel ist das egal, wenn du sie aber für Erdbeobachtungen benutzt, brauchst du zusätzlich einen kleinen Spiegel, der das Fernrohrbild aufrichtet.

Höhere Vergrößerungen sind nötig, wenn du die Saturnringe oder die Wolken des Jupiters sehen willst – das kann nur ein Fernrohr. Da musst du dich zwischen einem Linsen- und einem Spiegelfernrohr entscheiden. Linsenfernrohre, auch Refraktoren genannt, gibt es schon ab rund hundert Euro in Kaufhäusern und im Versandhandel. Sie haben meistens eine 60-Millimeter-Öffnung. Eine höhere Lichtstärke bieten Spiegelfernrohre, das zahlt sich besonders bei dunklen Objekten wie Nebeln aus. Sie werden auch Reflektoren genannt. Sehr einfach zu bedienen sind Spiegelfernrohre in Dobson-Bauweise. Sie sind extra für Amateure entwickelt worden. Kleinere „Dobsons" haben eine Öffnung von 150 Millimetern. Achtung: Wenn du dein neues Fernrohr erstmals ausprobierst, lass dich nicht entmutigen. Die Himmelsobjekte zu finden ist anfangs nicht einfach, du benötigst dafür etwas Übung. Außerdem unterscheidet sich das Bild, das du siehst, deutlich von Profi-Fotos.

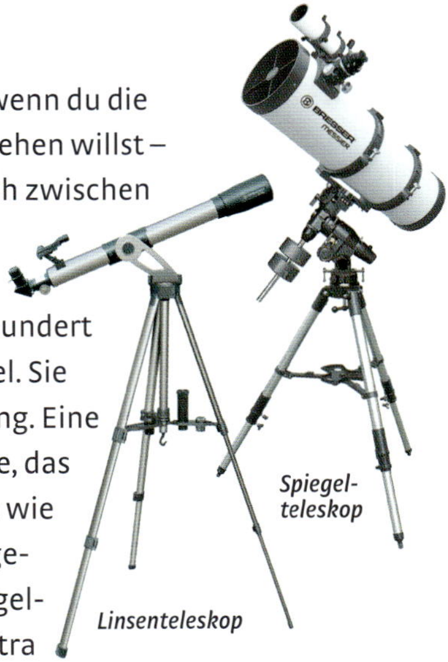

Spiegelteleskop

Linsenteleskop

Register

Schnelle Suche mit Stichwörtern

Die Aufnahme auf dieser Doppelseite zeigt einen Ausschnitt unserer Milchstraße

Beobachten und bestimmen

Thorsten und Susanne Dambeck
Mein erstes
Welcher Stern ist das?
ISBN 978-3-440-11115-4

- Erkennst du die Sterne am Himmel? Dieser Naturführer zeigt dir die wichtigsten Sterne undPlaneten am Nord- und Südhimmel.
- Mit gezeichneten Sternkarten und praktischen Beobachtungstipps.

Ursula Stichmann-Marny
Mein erstes
Was blüht denn da?
ISBN 978-3-440-10500-9

Haag/Schadwinkel
Mein erstes
Welcher Baum ist das?
ISBN 978-3-440-11392-9

Haag/Walentowitz
Mein erstes
Was fliegt denn da?
ISBN 978-3-440-09560-7

Anita van Saan
Mein erstes
Welches Tier ist das?
ISBN 978-3-440-11393-6

Je €/D 6,95; €/A 7,20; sFr 13,90 (Preisänderungen vorbehalten)

www.kosmos.de

KOSMOS

SÜDL. FISCH
Fomalhaut
Tierkreis
WASSERMANN
STEINBOCK
FISCHE
PEGASUS
ANDROMEDA
SCHÜTZE
DELFIN
Atair
ADLER
PFEIL
KASSIOPEIA
SCHWAN
Deneb
LEIER
Wega
KEPHEUS
Polarstern
HERKULES
KL. BÄR
DRACHE
SCHLANGENTRÄGER
SCHLANGE
KRONE
GR. BÄR
Antares
SKORPION
BOOTES
Arktur
JAGDHUNDE
JUNGFRAU
LÖWE
WAAGE
Tierkreis
Spica
RABE
WASSERSCHLANGE